토토기술사
토토
분석기법
(축구편)

초보자를 위한 **스포츠토토** 입문 통계분석 가이드

토토기술사

토토

toto
스포츠토토
고액 적중자
다수 배출!

분석기법

(축구편)

토토분석가 **최명수** 지음

푸른미디어

　지금 이 책을 읽으시는 독자 대부분은 스포츠토토를 어떻게 하는 것인지 알고 싶은 분들이시거나 이미 스포츠토토에 베팅을 해보신 분들이실 것입니다. 이 책을 선택하셨다면 스포츠토토가 개인적인 감이나 운이 아닌 데이터를 체계적으로 분석하여 경제적인 수익을 바라는 분이라 생각됩니다. 물론 스포츠가 데이터 분석을 통해 100% 적중을 보장하지는 않습니다. 당연히 행운도 있어야 하는 것이 사실입니다. 하지만 스포츠토토를 처음 접하는 분들에게 데이터 분석을 통한 스포츠토토의 베팅 성공 확률을 좀더 높이는 데 도움이 되고자 이 책을 집필하였습니다. 이 책이 스포츠토토를 즐기려는 분들께 조금이라도 도움이 되길 기원합니다.

토토기술사 분석 적중 사례

토토기술사는 스포츠토토 분석 방법을 통해 유튜브로 예측정보를 제공하고 있습니다. 아래 그림은 토토기술사 유튜브 방송에서 예측해드린 내용입니다. 데이터에 기반하여 분석한 결과 일반 경기 및 핸디캡 경기까지 모두 적중하여 고배당 적중에 성공한 사례입니다.

2021.3.11(목) 토토기술사 오늘의 픽(토오픽) - 토木픽 8경기 올킬! 조합발송 올킬!

경기번호	홈	원정	배당 승	무	패	배팅업체	해외구매율	배당흐름	전력(결정)	토토기술사 Pick 일반	핸디캡	U/O
125	슬라프라	레인저FC	2.09	3.25	2.75	무(4)	승(41.1%)	승(▲)패(▲)무(▼)	홈:5명 원정:4명	무	패 너 -1.0	O
128	맨체스U	AC밀란	1.53	3.65	4.5	승(3)무(1)	승(76.1%)	승(소▼)패(▲)	홈:6명 원정:4명	무	패	U
131	D키예프	비야레알	3.6	3.2	1.79	패(2)무(2)	패(97.5%)	승(▲)	홈:1명 원정:4명	패	패 너 +1.0	U
134	아약스	영보이스	1.5	3.8	4.55	승(4)	승(78.9%)	승(소▼)패(▲)	홈:4명 원정:4명	승	승 너 -1.0	O
137	그라나다	몰데	1.32	4.2	6.5	승(4)	승(84.2%)	승(▲)패(▼)	홈:11명 원정:2명	승	승 너 -1.0	U
140	토트넘	D자그레	1.3	4.4	6.5	승(4)	승(80.9%)	패(▲)	홈:1명 원정:1명	승	승 너 -1.0	U
143	올림피아	아스널	3.65	3.3	1.75	패(2)무(2)	패(95.2%)	미미	홈:3명 원정:1명	패	패 너 +1.0	U
146	AS로마	SH도네츠	1.45	3.95	4.85	승(4)	승(96.7%)	패(▲)	홈:4명 원정:2명	승	승 너 -1.0	O

옆의 그림처럼 베트맨에서 고당첨 적중 사례 이외에 저배당, 중배당 당첨사례가 많이 있습니다.

아래 그림은 토토기술사의 배당 기반 알고리즘과 배당을 제외한 알고리즘 점수에 의해 승무패 조합 테이터입니다.

저자의 경우 승무패 조합에 대한 데이터를 문자발송 서비스 하고 있는데 공개 조합과 비공개 조합을 섞어서 보내드리고 있습니다. 비공개 조합의 경우 승무패 독식을 위해 개인별로 모두 다른 조합을 발송합니다.

구분	홈	원정	승	무	패	A-Type(확신픽+무) 번호별	A-Type 예상Pick	A-Type 예상Pick	B-Type(토오력 로직) 알고리즘 점수(배당)			B예상Pick	C-Type(배당 제외) 알고리즘 점수(배당X)			C예상Pick	D-Type 예상Pick	E-Type 예상Pick
1번	오사수나	카디스	1.95	2.95	3.35	승	승	승무패	7.76	4.69	5.19	승	5.7	3	3.6	무	무	무
2번	앱체	알리베스	2.65	2.9	2.34	패	패	패무	4.59	4.72	7.34	패	2.7	3	4.6	패	승패	승패
3번	나폴리	우디네세	1.23	4.65	8.2	무	승	승	13.17	5.08	1.71	승	11.5	3.5	2.4	패	승	승패
4번	레반테	바르셀로	9.1	5.9	1.15	승	패무	패	0.45	3.35	13.55	패	-1.4	2.5	11.1	패	패	패
5번	칼리아리	피오렌티	2.38	3.2	2.4	무	승	승무	10.6	5.06	3.68	승	7.8	4.5	3.9	패	승패	승패
6번	세비야	발렌시아	1.37	3.95	6	승	승무	승무	12.05	4.27	2.73	승	10.6	3	2.5	승	승	승
7번	셀타비고	헤타페	2.21	3	2.75	패	승무	승무	10.06	5.17	3.12	승	7.4	5.5	1.3	승	승	승
8번	우에스카	빌바오	2.31	2.95	2.65	승	승	패승	3.66	3.69	9.69	패	0.3	2.5	8.3	무	승무	승무
9번	볼로냐	제노아	2.01	3.4	2.8	승	승무	승무	6.09	6.97	4.49	패	3	4.5	5.1	무	무	패
10번	인터밀란	AS로마	1.68	3.6	3.6	승	승	승	11.38	5.89	2.09	승	8.6	6	1.6	무	무	무
11번	삼프도리	스페치아	2.33	3.3	2.4	승	승무	승	9.15	3.02	3.88	승	5.8	2	1.3	승	승	승무
12번	사수올로	유벤투스	4.05	3.9	1.55	승	패	패승	10.23	4.28	4.43	승	8.3	4	3.1	승	승무	승무
13번	토리노	AC밀란	3.35	3.55	1.76	패	패	패	6.69	5.91	7.14	패	4.7	6	7.3	무	무	무
14번	AT마드	소시에다	1.59	3.35	4.5	무	무	승	11.54	3.99	4.41	무	9.6	3.5	4.3	무	무	승무
							32조합	96조합				1조합				1조합	1조합	64조합

토토기술사 적중 감사 사례

　실제 토토기술사의 분석기법으로 배출시킨 고액배당의 당첨 용지들을 준비했습니다. 스포츠토토의 축국 승무패 1등 적중 확률은 약 478만 분의 1로 확률이 희박하여 적중되기 어렵지만 토토기술사의 차별화된 분석기법으로 지금까지 많은 구독자분의 적중 배출 시켰습니다. 프로토(승부식)도 꾸준히 고액 당첨 배출이 되고 있습니다.

　따라서 이 책에서 전수해 드리는 토토기술사의 분석기법을 숙지하고 활용한다면 이제까지와는 전혀 다른 확률로 토토를 즐길 수 있을 것입니다.

스포츠토토 당첨 용지

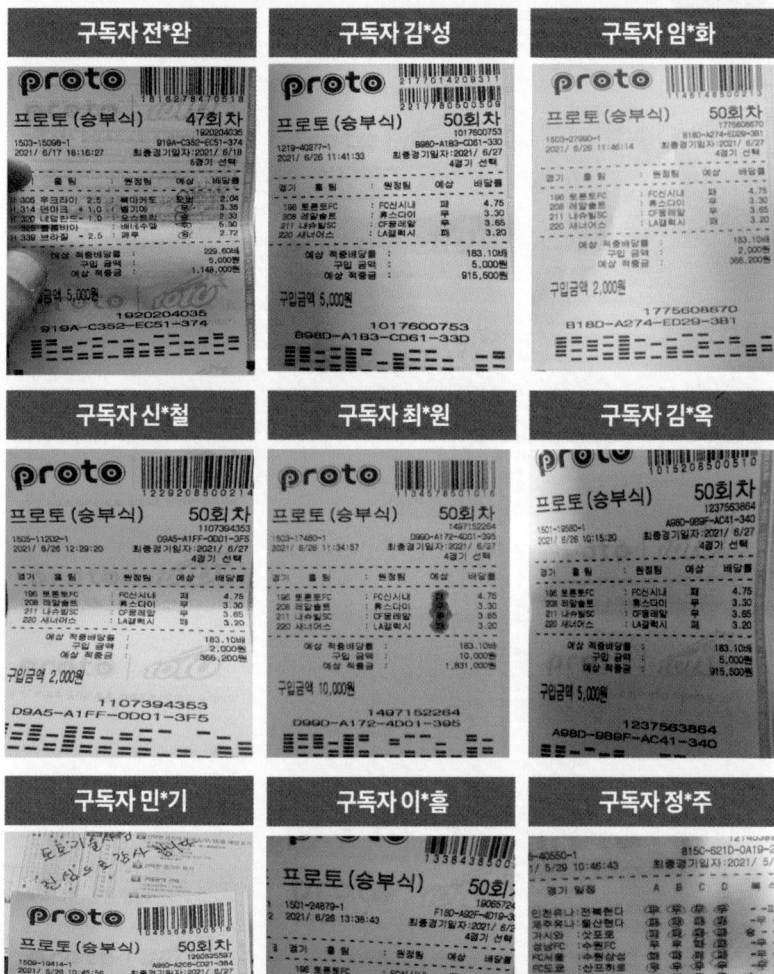

구독자 전*완

구독자 김*성

구독자 임*화

구독자 신*철

구독자 최*원

구독자 김*옥

구독자 민*기

구독자 이*흠

구독자 정*주

차례

PART 1 | 스포츠토토 입문

PART 2 | 스포츠토토 게임 종류

PART 7 | 스포츠토토 실전 베팅

PART 8 | 자주 묻는 질문과 답변

PART 9 | 부록

PART 1

<u>스포츠토토 입문</u>

스포츠토토 정의

축구, 야구, 농구, 배구, 골프 등 운동경기를 대상으로 경기가 개최되기 전 결과를 예측하여 경기 결과(당첨 결과)에 따라 환급금을 받는 레저 게임입니다.

스포츠토토의 종류는 크게 두 가지 방식이 있습니다.

- 고정환급률 방식 (토토)
- 고정배당률 방식 (프로토)

첫째, 고정환급률 방식은 회차당 투표권의 총매출 50%를 고객의 개별 투표 금액에 따라 당첨금으로 지급하는 방식입니다. 흔히 토토라고 하는데 고정환급률 방식 중 가장 대표적인 게임은 축구 승무패가 있습니다. 축구 승무패 경기는 주어진 14경기의 결과(승무패)를 맞추는 게임입니다.

18페이지의 그림으로 예를 들어 보겠습니다. 2021년 축구 승무패 25회차의 총매출(판매액)은 약 26억 원이었으며 당첨금으로 환급되는 금액은 판매액의 50%인 약 13억 원입니다. 여기서 13억 원 중 50%인 약 6억 7천만 원이 1등 당첨자에게 환급되는 금액인데 전회차 1등 당첨 이월금(약 5억 4천만 원)을 합하여 1등 당첨 금액이 약 12억 원입니다. 그리고 1등 당첨금을 제외하고 난 나머지 50% 금액에 대해 다시 2, 3, 4등에게 환급되는 방식이다.

만약 1등이 여러명 나올 경우, 당첨금을 동일하게 분배하여 환급받게 됩니다. 2021년 승무패 25회차의 경우 1등 총 11명이 적중되어서 개별 환급 금액이 1억 천만 원 정도 되었습니다. 그래서 1등 당첨금의 경우 당첨자 수에 따라 천차만별입니다.

만약 당첨자가 1명이라면 억대의 당첨금이 될 수 있으며, 수백 명이 1등 당첨이라면 몇백만 원의 당첨금이 될 수도 있습니다.

2021년 축구 승무패 25회차의 총매출

발매내역

총 발매금액	2,687,863,000 원	총 환급금액	1,888,262,000 원
전회차 1등 이월금액	544,330,500 원	전회차 3등 이월금액	-
전회차 2등 이월금액	-	전회차 4등 이월금액	-

환급내역

구분	전회차 이월금액	총 환급금액	적중 투표수	개별 환급금액	연속이월횟수	차회 이월금액
1등	544,330,500 원	1,216,296,250 원	11	110,572,390 원	0	-
2등	-	268,786,300 원	320	839,960 원	-	-
3등	-	134,393,150 원	4,286	31,360 원	-	-
4등	-	268,786,300 원	30,243	8,890 원	-	-
합계	544,330,500 원	1,888,262,000 원	34,860	1,888,352,720 원	-	-

이렇게 판매액에 따라 고정비율로 환급되는 방식이 고정환급률 방식입니다. 판매 금액이나 이월(해당 회차에 1등이 나오지 않음)되는 경우에 따라서 1등 상금이 크게 달라집니다.

둘째, 고정배당률 방식은 경기별로 정해져 있는 배당률을 곱해서 베팅한 금액을 당첨금으로 지급하는 방식으로 이것을 흔히 프로토라고도 합니다.

프로토는 승부식과 기록식으로 나뉘는데 특별한 구분 없이 프로토라고 하면 흔히 승부식을 의미합니다.

토토 및 프로토 게임의 유형은 다시 여러 종류로 나눠지는데 이는 뒤에서 자세히 소개하도록 하겠습니다.

스포츠토토 기본용어

    스포츠토토를 즐기기 위해서는 최소한의 토토 용어를 알아야 합니다. 꼭 알아야 할 기본적인 토토 용어에 대해 알아보겠습니다.

    배당률 : 적중되었을 경우 배당해 주는 비율로 '승무패', '핸디승', '핸디무', '핸디패', '언더', '오버' 각각의 배당이 주어집니다.

    환급률 : 스포츠토토 운영회사가 수수료를 제외하고 환급해 주는 비율로 국내 베트맨의 경우 86~87%로 책정되어 있습니다. 참고로 여기서 수수료 14%가 발생됩니다.

정배 : 강팀에 적용되는 배당입니다. 배당률이 상대적으로 낮습니다.

역배 : 약팀에 적용되는 배당입니다. 배당률이 상대적으로 높습니다.

오즈메이커 : 스포츠 통계를 활용하여 배당률을 책정하는 전문가를 말합니다.

적중특례 : 선택한 대상의 경기가 개최되지 않았거나 개최되었더라도 경기 결과를 확정할 수 없는 경우입니다. 이런 경우 배당은 1.0배 처리됩니다.

핸디캡 : 강팀에게 불리한 조건을 걸어둠으로써 팀전력에 따라 경기 시작 전에 사전에 점수를 제공하는 방식입니다.

- 홈팀이 강팀일 경우 : ― 핸디캡 적용
- 홈팀이 약팀일 경우 : ＋ 핸디캡 적용

언더 : 주어진 조건 값 보다 양 팀 득점의 총합이 작은 경우를 말합니다.

오버 : 주어진 조건 값 보다 양 팀 득점의 총합이 큰 경우를 말합니다.

배당 변경 : 초기 배당이 나온 이후 팀의 이슈 사항 발생으로 배당이 변경되기도 합니다. 적중 시 구매 당시에 표시된 배당으로 환급되기 때문에 같은 경기라도 구매 시점에 따라 환급되는 금액이 다릅니다.

토토 : 고정환급률 방식의 경기를 이르는 말로 축구 승무패가 해당됩니다.

프로토 : 고정배당률 방식의 경기를 이르는 말로 보통 승부식을 뜻합니다.

베트맨 : 국내 합법적으로 스포츠토토를 운영하는 인터넷 사이트명입니다.

승부식 : 스포츠 경기를 선택하여 축구(승무패) 야구(승, 패) 경기 결과를 맞추는 게임입니다.

기록식 : 스포츠의 경기 결과의 점수까지 맞추는 게임입니다.

단식 : 한 경기에 대한 예측을 하나만 하는 방식입니다.

복식 : 한 경기에 대한 예측을 두 개 이상 하는 방식입니다. 예를 들어 한국과 일본의 축구경기 예측에 한국의 승리와 무승부 두 개의 경기 결과 예측을 선택하는 방식입니다.

고정배당률 게임 : 회차 발매개시 시점(야구의 경우 선발투수 고지 시점)에 각 경기 결과에 대한 배당률이 미리 정해져 있어 적중자에게 투표 항목당 정해진 배당률에 따라 적중금을 환급하는 방식의 게임입니다.

고정환급률 게임 : 전체 발매금액에 대한 환급금의 등위 및 환급 비율이 미리 규정되어 있는 게임입니다.

프로토 기록식

구매투표지

<table>
<tr><td colspan="8" align="center">서울이랜(홈팀) vs (원정팀)김천상무</td></tr>
<tr><td>번호</td><td>예상/배당률선택</td><td>번호</td><td>예상/배당률선택</td><td>번호</td><td>예상/배당률선택</td><td>번호</td><td>예상/배당률선택</td></tr>
<tr><td>1번</td><td>1-0
6.30</td><td>2번</td><td>2-0
9.90</td><td>3번</td><td>2-1
8.00</td><td>4번</td><td>3-0
23.00</td></tr>
<tr><td>5번</td><td>3-1
20.00</td><td>6번</td><td>3-2
31.00</td><td>7번</td><td>4-0
75.00</td><td>8번</td><td>4-1
60.00</td></tr>
<tr><td>⚠ 9번 ○</td><td>4-2
95.00</td><td>⚠ 10번</td><td>4-3
240.00</td><td>11번</td><td>5-0
290.00</td><td>12번.</td><td>5-1
240.00</td></tr>
<tr><td>13번</td><td>5-2
380.00</td><td>⚠ 14번 ○</td><td>5-3
930.00</td><td>15번</td><td>기타홈승
300.00</td><td>16번</td><td>0-0
7.90</td></tr>
<tr><td>17번</td><td>1-1
5.10</td><td>18번</td><td>2-2
13.00</td><td>⚠ 19번</td><td>3-3
75.00</td><td>⚠ 20번 ○</td><td>4-4
770.00</td></tr>
<tr><td>21번</td><td>기타무
999.00</td><td>22번</td><td>0-1
6.40</td><td>23번</td><td>0-2
10.00</td><td>24번</td><td>1-2
8.20</td></tr>
<tr><td>25번</td><td>0-3
25.00</td><td>26번</td><td>1-3
20.00</td><td>27번</td><td>2-3
32.00</td><td>28번</td><td>0-4
80.00</td></tr>
<tr><td>29번</td><td>1-4
65.00</td><td>⚠ 30번 ○</td><td>2-4
100.00</td><td>⚠ 31번</td><td>3-4
240.00</td><td>32번</td><td>0-5
330.00</td></tr>
<tr><td>33번</td><td>1-5
260.00</td><td>⚠ 34번</td><td>2-5
420.00</td><td>⚠ 35번 ○</td><td>3-5
980.00</td><td>⚠ 36번</td><td>기타홈패
340.00</td></tr>
</table>

배당률 : 구매 금액에 대한 배당금(적중환급금)의 비율을 말합니다.

발매 무효 : 대상 경기가 개최되지 않거나, 개최되더라도 결과를 확정할 수 없을 때 취하는 조치 중 하나입니다. 발매 무효로 처리될 경우 (주)스포츠토토코리아는 해당 게임의 구입 금액을 환불합니다.

대상 경기가 1~4개로 구성된 게임의 경우 1개 경기 이상, 대상 경기가 5~8개로 구성된 게임의 경우 2개 경기 이상, 대상 경기가 9개 이상인 경우 3개 경기 이상이 개최되지 않거나 결과를 확정할 수 없을 때 적용됩니다.

예비 경기 : 발매시작 전 1개 이상의 대상 경기 시간이 다음 회차 발매마감일 또는 발매마감일 이후로 변경될 경우 대체할 경기를 뜻합니다.

중립 경기장 : 홈, 원정 구분이 없는 경기 장소입니다.

환급 : 게임을 구매하여 결과를 적중했을 경우, 적중금을

지급하는 것으로 예치금 환급은 적중 익일에, 통장 환급은 다음 은행 영업일에 자동으로 처리됩니다.

회차 : 각 게임의 발매개시부터 적중 발표까지의 기간에 대해 사용하는 한 주기의 구분을 뜻합니다. 게임별로 별도 적용됩니다.

스포츠토토 법적 근거

스포츠토토는 국민체육진흥법, 국민체육진흥법시행령, 국민체휵진흥법시행규칙의 관련 법령에 따라 법적 근거가 마련되어 있습니다.

투표권을 구매하여 발생된 기금은 복권 및 복권기금법에 따라 처리되고 있으며 다음과 같은 사업 등에 기금이 사용됩니다.

- 국민체육 진흥을 위한 연구·개발 및 그 보급 사업
- 국민체육시설 확충을 위한 지원 사업
- 선수와 체육지도자 양성을 위한 사업
- 선수·체육지도자 및 체육인의 복지 향상을 위한 사업

따라서 베팅에 적중되지 못하더라도 스포츠산업의 진흥에 기금이 사용되고 있으므로 경제적 손실로만 생각하시지 마시고 국내 스포츠산업에 일조하고 있다고 생각하시길 바랍니다.

스포츠토토 주요 사업 이력

- 2001년 : 축구, 농구 대상의 토토 상품 4종 출시
- 2004년 : 신규 상품 7종 발매(축구, 농구, 야구, 골프)
- 2006년 : 고정배당률 방식 프로토(승부식/기록식) 발매시작
- 2011년 : 프로토 승부식 상품 핸디캡 방식 도입
- 2013년 : 세계복권협회(WLA) '건전화 인증 4단계' 취득
- 2014년 : 프로토 승부식 언더/오버 방식 및 축구 소수 핸디캡
  도입
- 2016년 : 베트맨, ISO 20000, 27001 인증 동시 획득
- 2020년 : (주)스포츠토토코리아(sportstotokorea CO,.LTD)
  법인 설립

스포츠토토 매출 현황

2020년의 스포츠토토의 매출은 코로나로 인하여 2019년에 비해 감소하였지만 지난 10년간 매출은 비약적으로 성장하였습니다.

년도	매출	비고
2020년	4조 8928억 원	코로나로 인한 매출 감소(스포츠 리그 중단)
2019년	5조 1034억 원	

토토, 경륜, 경정, 경마, 카지노업, 복권, 소싸움 등 7개 산업은 사행성산업으로 분류되어 있습니다. 사행성산업은 국무총리실 산하 사행산업통합감독위원회가 통합적으로 관리 감독합니다.

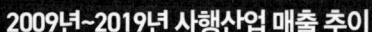

2009년~2019년 사행산업 매출 추이

(단위 : 억 원)

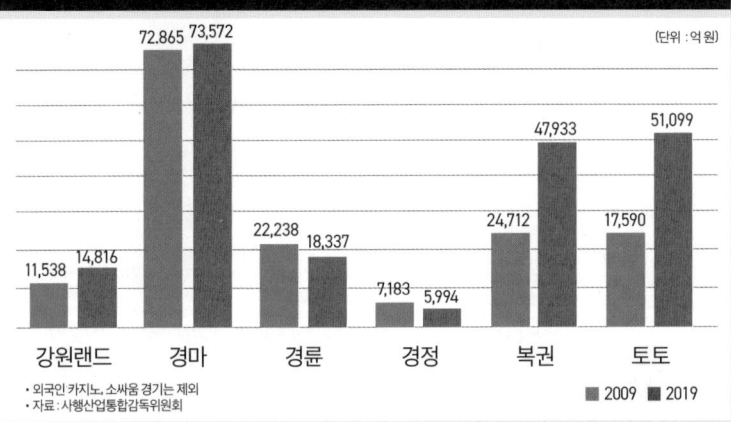

구분	2009	2019
강원랜드	11,538	14,816
경마	72,865	73,572
경륜	22,238	18,337
경정	7,183	5,994
복권	24,712	47,933
토토	17,590	51,099

· 외국인 카지노, 소싸움 경기는 제외
· 자료 : 사행산업통합감독위원회

■ 2009 ■ 2019

2019년 기준 매출 현황과 점유율

구분	매출액
강원랜드	1조 4,816억
경마	7조 3,572억
경륜	1조 8,337억
경정	5,994억 원
복권	4조 7,922억
토토	5조 1,099억

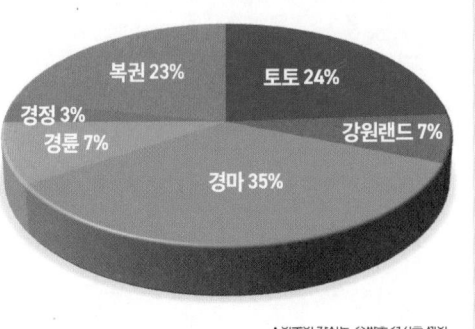

복권 23%
토토 24%
경정 3%
경륜 7%
강원랜드 7%
경마 35%

· 외국인 카지노, 소싸움 경기는 제외
· 자료 : 사행산업통합감독위원회

사행산업통합감독위원회는 2021년에 사행성사업에 대한 전체 매출 상한선을 제시하는데 경마 7조 3572억 원, 토토 5조 1099억 원, 복권 4조 7933억 원입니다.

　2021년은 코로나로 인한 사행성산업 중 경마, 경륜, 경정은 오프라인 이벤트가 열리지 못했지만, 토토는 무관중 또는 제한된 관중 속에서 경기는 열리고 있는 상황입니다. 또한 경마는 온라인 발매가 안 되지만 스포츠토토는 2004년, 복권은 2008년부터 허용되고 있다. 이러한 이유로 경마 매출은 지난 10년 동안 큰 변화가 없었지만 복권은 94%, 토토는 190%로 비약적인 성장을 하였습니다.

PART 2

스포츠토토 게임 종류

이번에는 스포츠토토에 대해 좀 더 자세히 설명하겠습니다. 먼저 토토의 종류부터 살펴보겠습니다.

토토는 다시 축구토토, 야구토토, 농구토토, 배구토토, 골프토토, 토토U0, 토토OX 등으로 나뉩니다. 이 책에서는 가장 인기 있는 축구토토를 위주로 설명하고, 책에서 소개하지 못한 경기 유형은 스포츠토토 공식홈페이지 https : www.sportstoto.co.kr에서 상세한 설명을 참조하시기 바랍니다.

프로토(축구 중심)

프로토는 승부식과 기록식으로 나뉩니다. 먼저 승부식에 대해 알아보겠습니다.

승부식

프로토 승부식은 대상 경기 중 자신 있는 경기(2개~10개 경기)를 선택하여 예상 결과(홈팀 승무패, 양 팀 득점 총 합의 언더·오버)를 맞히는 게임으로 국내 및 해외 축구, 야구, 농구, 배구를 대상으로 발매됩니다.

- 구성 최대 650개 경기로 구성

- 단위 투표 금액 100원
- 구매 방법 선택한 대상 경기(2개~10개 경기)의 경기별 결과 (홈팀 승무패, 양 팀 득점 총합의 언더/오버) 예상
- 경기 결과 결정 기준
  - 축구 : 경기 시작부터 후반 종료 시까지(연장전, 승부차기 제외)
  - 야구, 농구, 배구 : 경기 시작부터 최종 경기 종료 시까지(연장전 포함)
- 적중 결정 선택한 경기의 결과를 모두 맞힌 것을 적중으로 하며, 적중금은 적중배당률(맞힌 경기 배당률들의 곱)과 구입 금액을 곱하여 계산

 축구, 농구, 야구, 배구 등 법령에 의해 지정된 주최단체의 주최 경기 및 국내외에서 개최되는 주요 경기를 대상으로 합니다.
 게임 방법은 선택한 대상 경기(2~10개)의 예상 결과를 맞히는 게임입니다.

- 일반 : 홈팀 '승무패' 결과를 예상하여 맞히는 방식

- 핸디캡 : 사전에 주어진 조건(핸디캡)을 반영한 홈팀 승·무·패 결과를 예상하여 맞히는 방식
- 언더오버 : 양 팀 득점 총합이 제시된 기준 값보다 작은 값인 지(언더) 큰 값인지(오버)를 예상하여 맞히는 방식

동일한 대상 경기의 일반 승무패, 핸디캡, 언더오버 유형 조합 구매는 불가능합니다. 경기 결과의 결정 기준을 보면 축구는 경기 시작부터 후반 종료 시까지(연장전, 승부차기 제외)이며, 야구, 농구, 배구는 경기 시작부터 최종 경기 종료 시까지(연장전 포함)입니다.

발매 기간 및 적중결과 발표일
- 발매 기간 : 마감 1~7일 전부터 발매개시하여 대상 경기별 시작 10분 전에 마감
- 적중결과 발표일 : 최종 경기 종료 당일 예정

적중 결정 방법
선택한 경기의 경기 결과를 맞힌 것을 적중으로 하며, 적중금은 적중배당률과 단위 구입 금액을 곱하여 계산합니다.

적중배당률은 선택한 경기 배당률들의 곱이며, 소수점 셋째 자리 절사 후, 둘째 자리에서 절상됩니다.

여기서 적중배당률이 100배 이하이면서 환급금이 200만 원 이하이거나, 적중배당률에 상관없이 환급금이 10만 원 이하라면 세금이 부과되지 않습니다.

환급금, 환불금 지급 기한

공식 적중결과 발표일 익일(지급 개시일)부터 1년간입니다. 단, 적중결과 발표 당일부터 지급이 가능하며, 지급기한 종료일이 은행 영업일이 아닌 경우에는 익영업일을 지급기한 종료일로 합니다. 적중금 지급 시 원단위 절상, 단위 투표 금액(100원) 미만의 적중금 지급 시 단위 투표 금액(100원)으로 보상 지급됩니다.

Betman에서 구매한 투표권의 적중금 지급은 예치금이나 환급통장 중 하나를 선택하여 환급받을 수 있으며, 환불금은 회원님의 예치금으로 자동 환불됩니다. 환불된 예치금에 대한 출금을 원할 경우 회원님의 계좌로 입금됩니다. 단, 벳머니로 구매한 금액은 벳머니로 자동 환불됩니다.

적중특례 및 발매 무효

적중특례 : 선택한 대상 경기의 일부가 개최되지 않거나, 개최되었더라도 경기 결과를 확정할 수 없는 경우, 해당 경기는 1.0배 처리됩니다.

경기 취소 : 경기 취소된 경우 해당 경기의 승무패, 언더·오버 배당률은 모두 1.0배 처리됩니다. 단, 선택한 경기 중 한 경기라도 결과가 확정되었을 경우 그 투표권은 유효하게 처리됩니다.

발매 무효(환불) : 선택한 모든 경기 취소 시 환불합니다.

* 자세한 내용은 체육진흥투표권 약관을 참조하시기 바랍니다.
* 대상 경기 무효:국민체육진흥법 및 동법 시행령과 체육진흥투표권 약관의 관련 규정(체육진흥투표권 발매의 무효 등)에 따릅니다.
* 정상적으로 발권된 투표권은 취소 및 환불 및 수정이 불가능합니다.

기록식

프로토 기록식은 최대 24개 게임 중 관심 있는 게임을 선택하여 경기 결과를 맞히는 게임으로 국내외 축구, 농구, 야구, 배구를 대상으로 발매됩니다.

- 게임 구성 및 투표 항목 한 회차당 최대 24개 게임 구성 (게임별 최대 36개의 투표 항목)
- 단위 투표 금액 100원
- 경기 결과 결정 기준
  - 축구 : 경기 시작부터 후반전 종료 시까지(연장전, 승부차기 제외)
  - 야구, 농구, 배구 : 경기 시작부터 최종 경기 종료 시까지
- 적중 결정 적중금은 적중배당률과 구입 금액을 곱하여 계산

토토(축구 중심)

축구토토는 승무패, 스페셜(트리플·더블), 스페셜+(트리플·더블), 매치, 이렇게 4가지 경기로 나뉩니다.

축구토토 승무패

축구토토 승무패는 14경기의 홈팀 최종 결과(연장전, 승부차기 제외)를 승무패로 맞히는 게임입니다.

- 단위 투표 금액 1,000원
- 단식 및 복식 구매 가능
- 적중 확률 1등[1 : 4,782,969]

• 경기 결과 결정 기준 연장전 및 승부차기는 결과에서 제외

축구 승무패 적중결정 방법 및 적중 확률(총 발매금액의 50% 환급)

구분	적중투표 결정 방법	환급금 배분	적중 확률
1등	14경기 적중	50%	1/4,782,969
2등	13경기 적중	20%	1/170,820
3등	12경기 적중	10%	1/13,140
4등	11경기 적중	20%	1/1,643
전체	-	100%	1/1,447

1등의 적중 확률은 1:4,782,969으로 아주 어려운 확률입니다. 로또 1등 확률이 약 800만인 것을 감안하면 축구토토 승무패 1등도 매우 어렵다는 것을 알 수 있습니다.

스페셜(트리플·더블)

축구토토 스페셜은 대상 경기의 최종 득점(연장전 포함, 승부차기 제외)을 맞히는 게임입니다.

• 단위 투표 금액 100원

- 게임 유형 더블(1~2번 2경기 예상), 트리플(3경기 모두 예상)
- 복식 구매 가능
- 적중 확률
  - 더블 유형 1/1,296
  - 트리플 유형 1/46,656
- 경기 결과 결정 기준 연장전 포함, 승부차기 제외

여기서 스페셜+(트리플·더블) 경기는 스페셜 경기 규칙과 동일합니다.

매치

축구토토 매치는 한 경기의 전반 득점 및 최종 득점(연장 전 포함, 승부차기 제외)을 맞히는 게임입니다.

- 단위 투표 금액 100원
- 복식 구매 불가능
- 적중 확률 1/441
- 경기 결과 결정 기준 연장전 포함, 승부차기 제외

토토와 프로토 요약

스포츠토토 경기 종류에 대해 다시 간략하게 요약해보겠습니다.

스포츠토토는 크게 두 종류의 게임으로 나뉘고 그중 축구 승무패와 프로토 승부식이 발매액의 대부분을 차지하는 인기 게임으로 이 책에서는 두 종류의 게임을 중심으로 다루고 있습니다.

토토(고정환급률 방식)	프로토(고정배당률 방식)
축구토토(축구 승무패)	승부식
야구, 농구, 배구 토토	기록식

축구 토토의 대표적인 게임인 '축구 승무패'는 14경기의 홈

팀 최종 결과를 맞히는 게임으로 단식과 복식 구매가 가능한
게임입니다.

승부 예측이 어려운 경우 복식(승무패 여러 개 선택)으로
선택이 가능합니다.

토토 '승부식'의 경우 최소 2경기 이상 조합을 하여야 합니
다. 국내에서는 한 경기에만 베팅할 수 없고 최소 2경기에서
최대 10경기까지 조합할 수 있습니다.

프로토 승부식 경기 유형

경기유형	설명
일반	홈팀 승무패 결과를 예상하여 맞히는 방식
핸디캡	사전에 주어진 조건(핸디캡)을 반영한 홈팀 승무패 결과를 예상하여 맞히는 방식
언더오버	양팀 득점 총 합이 제시된 기준 값보다 작은 값인지(언더), 큰 값인지(오버)를 예상하여 맞히는 방식

이에 최소한 두 경기를 예상하여 맞춰야만 배당만큼 환급
받을 수 있기 때문에 경기 수를 많이 조합할수록 당첨 확률
은 그만큼 낮아집니다. 당연히 배당률은 높아지겠지만 하이

베트맨사이트 프로토(승부식) 게임 2경기 베팅 예시

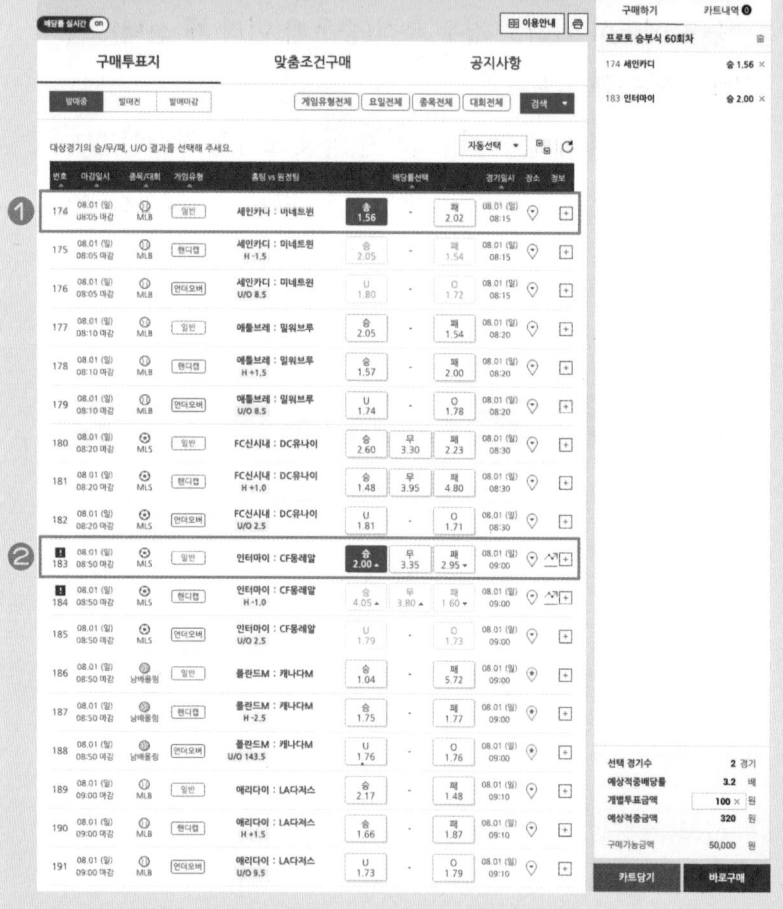

리스크 하이 리턴의 구조입니다.

46페이지의 그림을 예를들면 ❶ 174번 경기 세인카디와 미네트윈 경기의 배당은 '승:1.56', '패:2.02'가 배당을 받았습니다. ❷ 183번 경기 인터마이와 CF몽레알 경기의 배당은 '승:2.00', '무:3.35', '패:2.95'를 배당 받았습니다.

그리고 경기 예측을 세인카디 '승', 인터마이 '승'으로 베팅할 경우 1.56×2.00 배당률을 곱하여 예상 적중 배당률이 3.2배가 된 것을 확인할 수 있습니다.

경기 선택 및 조합기법에 대해서는 책 뒤편에서 자세히 소개하도록 하겠습니다.

농구토토 승5패

'농구토토 승5패'는 14경기의 홈팀 최종 결과(연장전 포함)를 승·5·패로 맞히는 게임입니다.

- 단위 투표 금액 1,000원
- 복식 구매 가능
- 적중 확률 1등[1 : 4,782,969] / 축구 승무패와 적중 확률 동일
- 경기 결과 결정 기준 연장전 포함

한국프로농구연맹, 한국여자농구연맹 주최 경기 및 미국 프로농구 경기 중 14경기를 대상으로 합니다.

대상 경기 시간은 연장전이 있는 경우 연장전을 포함하여

경기 시작부터 최종 경기 종료 시까지를 기준으로 합니다.

　게임 방법은 대상 경기의 최종 승·5·패를 예상하여 맞히는 게임입니다.

- 승 : 홈팀이 6점 차 이상으로 승리할 경우
- 5 : 5점 차 이내 승부
- 패 : 홈팀이 6점 차 이상으로 패할 경우

야구토토 승1패

'야구토토 승1패'는 14경기의 홈팀 최종 결과(연장전 포함)를 승·1·패로 맞히는 게임입니다.

- 단위 투표 금액 1,000원
- 복식 구매 가능
- 적중 확률 1등[1 : 4,782,969]
- 경기 결과 결정 기준 연장전 포함

한국야구위원회에서 주최하는 경기와 해외 프로리그 경기 중 14경기를 대상으로 구성됩니다.
대상 경기 시간은 경기 시작부터 최종 경기 종료 시까지를

기준으로 합니다. (연장전 포함)

더블헤더 경기시에는 첫 번째 개최되는 경기를 대상 경기로 적용합니다.

게임 방법은 14경기 홈팀의 최종 승·1·패 결과를 예상하여 맞히는 게임입니다.

- 승 : 홈팀이 2점 차 이상으로 승리할 경우
- 1 : 1점 차 이내 승부(무승부 포함)
- 패 : 홈팀이 2점 차 이상으로 패할 경우

배구토토 스페셜(트리플·더블)

'배구토토 스페셜'은 대상 경기의 최종 스코어(최종 경기 종료 시까지)와 1세트 점수차를 맞히는 게임입니다.

- 단위 투표 금액 100원
- 게임 유형
  - 더블(1~2번 2경기 예상)
  - 트리플(3경기 모두 예상)
- 복식 구매 가능
- 적중 확률
  - 더블 유형 1/1,296
  - 트리플 유형 1/46,656

한국프로배구연맹 주최 경기 및 국내외에서 개최되는 주요 경기 중 2~3경기를 대상으로 합니다.

대상 경기 시간은 경기 시작부터 최종 경기 종료 시 까지를 기준으로 합니다.

게임 방법은 선택한 게임 유형의 해당 경기 최종 세트스코어와 1세트 점수차를 예상하여 맞히는 게임입니다.

- 더블 : 1~2번 2개 경기의 최종 세트스코어와 1세트 점수차를 예상하여 맞히는 게임 유형
- 트리플 : 1~3번 3개 경기의 최종 세트스코어와 1세트 점수차를 예상하여 맞히는 게임 유형

최종 세트스코어 3:0, 3:1, 3:2, 0:3, 1:3, 2:3 총 6개 항목과 1세트 점수차 2점 차, 3점 차, 4점 차, 5점 차, 6점 차, 7+점차(7점차 이상)의 총 6개의 점수 항목으로 구성됩니다.

이 책은 축구 중심의 경기와 분석기법을 다루므로 소개하지 못한 나머지 토토 경기 규칙에 대해서는 스포츠토토 정식 홈페이지에서 확인해보시기 바랍니다.

https:www.sportstoto.co.kr·soccer_victory.php

PART 3
스포츠토토 구매 및
마킹 방법

스포츠토토를 구매하는 방법은 크게 두 가지 방법이 있습니다.

구분	오프라인(토토방)	온라인(베트맨)
방식	토토방(매장)에서 구매	베트맨 온라인 사이트에서 구매
마킹방법	마킹용지에 사이펜으로 마킹	웹페이지에서 승무패를 선택
구매 금액 한도	10만 원(회차별)	5만 원(회차별)
환급	토토방에서 적중용지 제출 *200만 원 초과시 우리은행(2021년 기준)	연결된 계좌로 자동 입금

표에서 설명한 것처럼 오프라인 매장(일명 토토방)에서 구매하는 방식과 온라인 사이트(베트맨)에서 구매하는 방식입니다.
오프라인 매장에서 구매할 때 법적 한도는 10만 원이며, 온라인 사이트는 5만 원으로 제한되어 있습니다.

매장(오프라인) 구매 방법

오프라인 방식은 스포츠토토방에 방문하여 직접 용지에 마킹하여 구매하는 방법입니다. 로또 판매점과는 별개로 운영되는 경우가 더 많습니다.

프로토 승부식은 대상 경기 시작 1~4일 전부터 발매를 개시하며, 대상 경기별 시작 10분 전까지 구매 가능합니다. 구매 가능 시간은 오전 8시부터 오후 9시 50분까지이며 해외 경기(특히 유럽)의 경우 새벽에 경기가 시작되는 경우가 많아 그 전날 오후 9시 50분까지 구매를 해야 합니다.

매장 구매 용지 마킹 방법

승부식

프로토 승부식 실제 슬립 용지를 보면 예상 1~10까지 경기 번호를 마킹하는 곳과 하단에 승무패의 결과를 마킹하는 곳이 있습니다.

예를 들어 경기 번호 45번 대한민국 vs 일본, 107번 독일 vs 프랑스 경기가 있다고 가정해 보면, ❶ 예상1, 백자리에 '0'을 마킹, 십자리에는 '4'를 마킹, 일자리에는 '5'를 마킹하고 경기예측은 대한민국 승으로 예측할 경우, '승'에 마킹을 하면 45번 한 경기에 대해 마킹이 끝난 것입니다.

그다음 ❷ 예상2, 백자리에 '1'을 마킹, 십자리에 '0'을 마킹, 일자리에 '7'을 마킹하고 독일의 승리를 예측한다면, '승'에

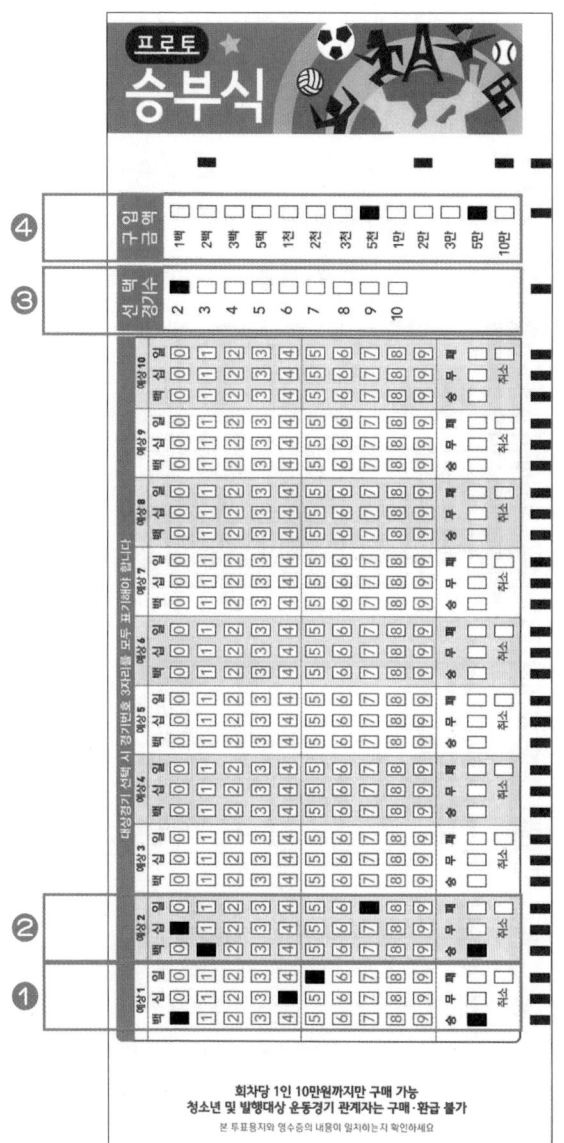

회차당 1인 10만원까지만 구매 가능
청소년 및 발행대상 운동경기 관계자는 구매·환급 불가
본 투표용지와 영수증의 내용이 일치하는 지 확인하세요

59

마킹하면 됩니다. 그러면 2경기 조합에 대해 마킹이 끝나고 ❸ 선택 경기수는 2이므로 '2'에 마킹, ❹ 구입 금액은 베팅할 금액을 마킹하면 됩니다. 여기서 5만 5천 원을 베팅한다면 '5만'에 마킹, '5천'에 마킹을 하면 됩니다.

이렇게 구입한 용지에는 예상 적중 배당률, 구입 금액, 예상적중금이 포함되어 있습니다. 적중 확인 방법은 베트맨 사이트에서도 확인이 가능합니다.

확인 위치는 홈 → 게임 구매 → 적중결과 화면 화단에 적중 조회하는 화면이 있습니다. 투표 구매권에 있는 고유번호 15자리를 입력하면 적중 여부를 확인할 수 있습니다.

승무식 게임 유형 중 언더오버 경기를 선택할 때는 게임 결과를 언더로 예측한다면 '승'에 마킹하고 오버로 예측한다면 '패'에 마킹하면 됩니다.

승무패

이번에는 축구토토 승무패에 대해 마킹하는 방법을 알아보겠습니다. 승무패 용지를 보면 단식A에서부터 단식D, 그리고 복식을 기입하는 곳으로 나누어져 있습니다.

구매 용지 온라인 확인 방법

오프라인 적중결과 확인!

오프라인에서 구매하신 분은 투표권 구매 후 받으신 영수증 하단의
투표권 고유번호 15자리를 입력하시면 적중결과를 확인하실 수 있습니다.

투표권 고유번호 ☐ - ☐ - ☐ - ☐ **적중조회**

❶ '적중결과 처리중'에는 영수증 조회가 불가능합니다.
적중결과 발표 이후에 조회하시기 바랍니다.

오프라인 적중결과 확인!

오프라인에서 구매하신 분은 투표권 구매 후 받으신 영수증 하단의
투표권 고유번호 15자리를 입력하시면 적중결과를 확인하실 수 있습니다.

투표권 고유번호 B918 - E112 - E939 - 3CA 적중조회 **초기화**

· 상태	적중		
· 적중결과	적중		
· 게임명	프로토 승부식 32회차	· 구매일시	21-04-24(토) 12:39
· 구매금액	30,000원	· 환급/환불금액	270,000원

단식A 세로 영역을 모두 마킹 완료하면 한 게임(1,000원) 베팅이 완료되는 것입니다.

옆의 그림 승무패 용지를 보면 ❶ 단식A에 이미 마킹이 되어 있는데 이를 설명해보면 1번 경기 '승', 2번 경기 '무', 3번 경기 '무', 4번 경기 '패', 5~9번 경기는 각각 '승', 10번 경기 '무', 11번 경기 '승', 12번 경기 '패', 13번 경기 '패', 14번 경기 '승'으로 예측하여서 마킹을 한 사례입니다. 14경기를 모두 맞추기는 어려우므로 단식B에 다른 조합을 마킹하면 베팅 금액(1,000원)이 늘어나게 됩니다.

복식의 경우는 한 게임의 예측을 여러 개 선택할 수 있는 게임 방식입니다.

❷ 복식 1번 경기가 한국과 일본의 게임이라고 가정하고 한국의 승을 예측하면서도 혹시나 무승부가 될지도 모른다고 예측한다면 복식 칸에 1번 경기 '승', '무'에 두 가지 예측 결과를 모두 마킹하면 되는 것입니다.

마킹 한 만큼 조합수가 늘어나기 때문에 그만큼 베팅 금액도 커지게 됩니다. 참고로 복식 최대 베팅 금액은 96,000원으로 한정되어 있습니다. 즉, 96조합이 복식으로 최대 선택

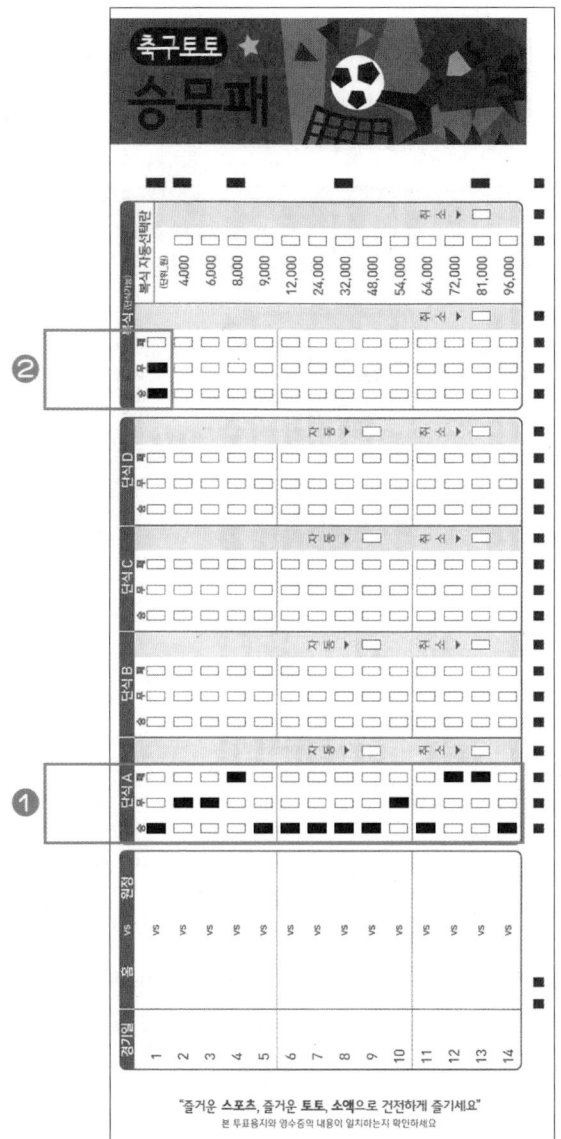

"즐거운 스포츠, 즐거운 토토, 소액으로 건전하게 즐기세요"
본 투표용지와 영수증의 내용이 일치하는지 확인하세요

할 수 있는 조합입니다. 단식 4경기를 포함하면 법적 최대치인 10만 원을 베팅할 수 있습니다.

구분	설명
1등	14경기 전경기 결과와 예측이 모두 맞는 경우
2등	1경기 적중되지 않은 경우
3등	2경기 적중되지 않은 경우
4등	3경기 적중되지 않은 경우

여기서 1등 당첨자가 한 명이라면 매우 큰 환급금을 받아서 인생역전을 할 수도 있습니다. 이외에 토토 경기 종류에 따라 많은 마킹 용지가 있습니다.

스페셜 경기

축구토토 스페셜은 대상 경기의 최종 득점(연장전 포함, 승부차기 제외)을 맞히는 게임으로 2게임에 대해 최종 점수 예측하는 경우에 대해 예를 들어 설명해보겠습니다.

첫 번째 게임의 최종 득점을 '1:3' 또는 '2:3'을 예측하였고

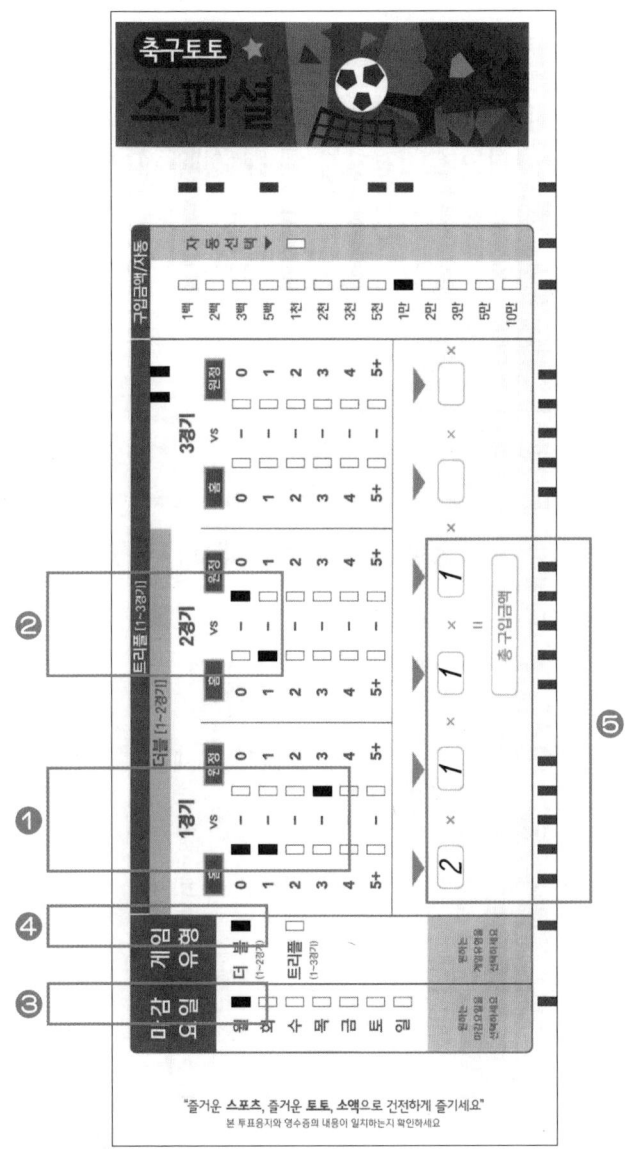

"즐거운 **스포츠**, 즐거운 **토토**, **소액**으로 건전하게 즐기세요"
본 투표용지와 영수증의 내용이 일치하는지 확인하세요

두 번째 게임의 최종 득점을 '1:0'을 예측하였다면 ❶ 1경기 홈팀을 '1점', '2점' 두 곳을 마킹하고(복식) 원정팀은 '3점'을 마킹합니다. 그리고 ❷ 2경기 홈팀에 '1점'에 마킹하고 원정팀에 '0점'을 마킹합니다.

❸ 마감 요일에는 대상 경기 '마감 요일'을 마킹하고 ❹ 게임 유형은 2게임이므로 '더블'에 마킹합니다.

경기에 마킹한 개수, 1점, 2점을 마킹하였으므로, ❺ 1경기 홈 밑에 있는 네모칸에 숫자 '2'를 적습니다. 1경기 원정 밑에 있는 네모칸에는 숫자 '1'을 적습니다. 2경기 홈 밑에 있는 네모칸에 '1'을 적고 원정 밑에 있는 네모칸에 '1'을 적습니다. 그리고 구입 금액을 만 원에 마킹한다면 총 구입 금액은 2만 원이 되는 것입니다.

$$2 \times 1 \times 1 \times 1 \times 10,000원 = 2만 원$$

모든 토토용지 뒷면엔 자세한 설명이 나와 있으니 이를 참고하면 됩니다.

| 스포츠토토 게임별 용지 |

축구토토
승무패

축구토토
스페셜

축구토토
매치

프로토
승부식

프로토
기록식

야구토토
승1패

야구토토
스페셜

야구토토
스페셜+

농구토토
승5패

농구토토
W매치

배구토토
스페셜

골프토토
스페셜

토토언더오버
UO

토토OX
OX

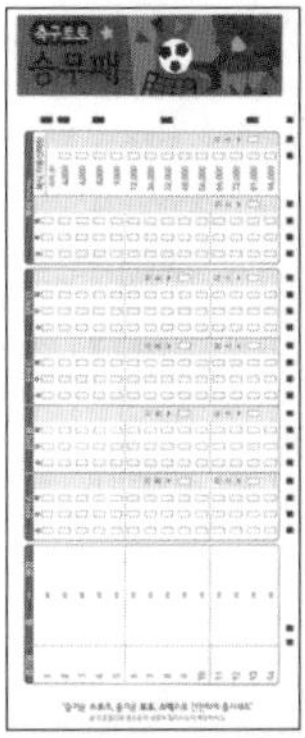

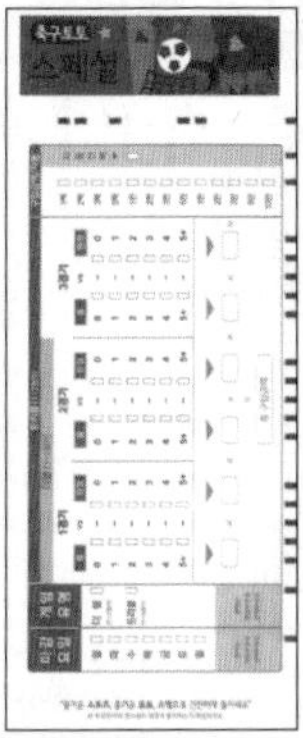

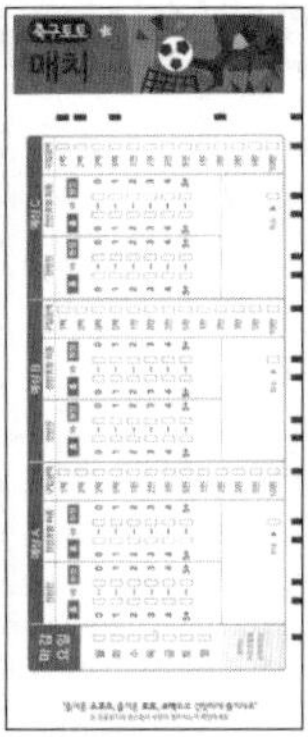

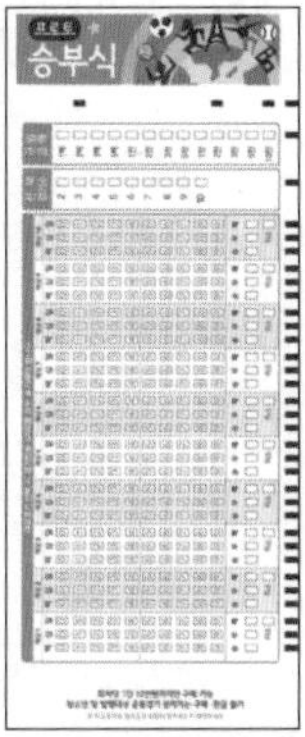

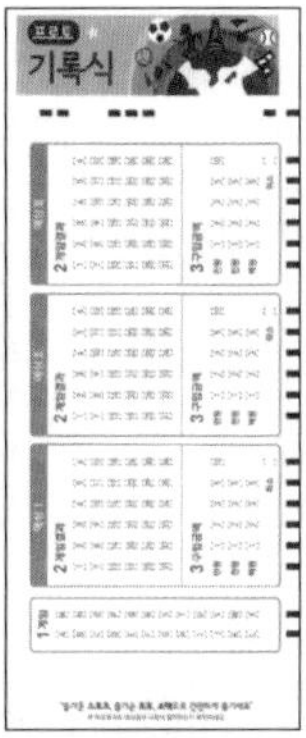

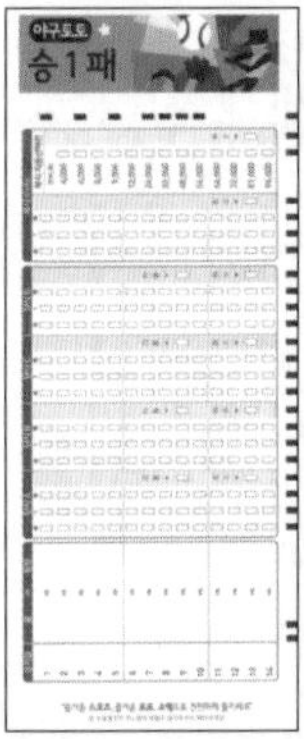

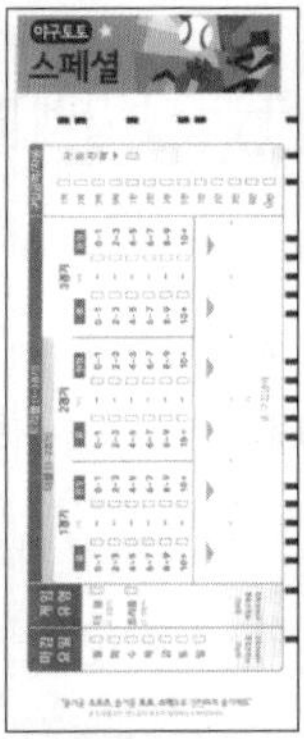

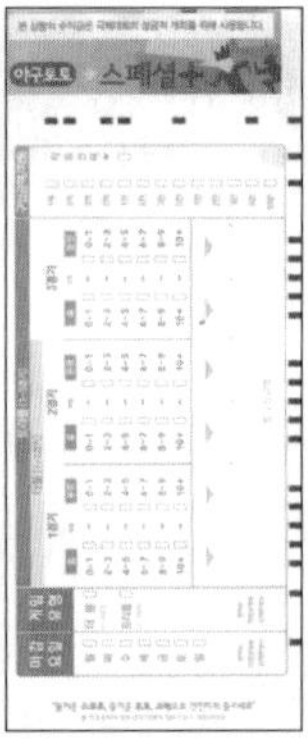

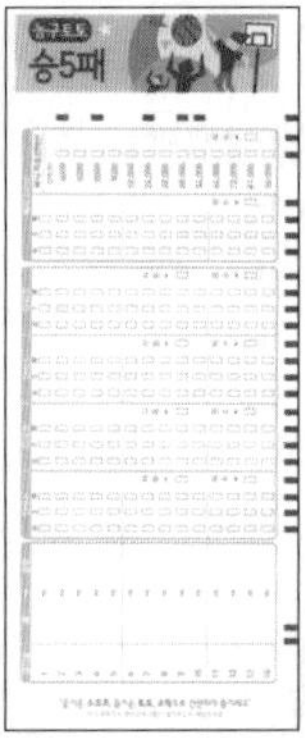

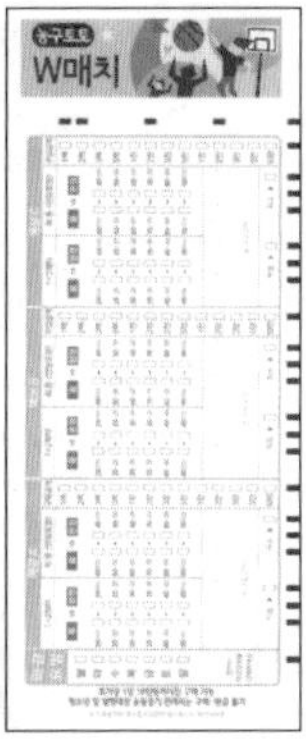

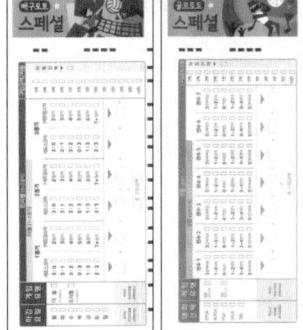

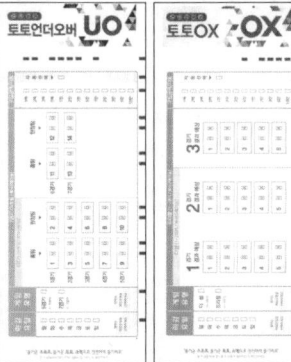

인터넷(온라인) 구매 방법

    베트맨 사이트를 통해 온라인 구매하는 방법에 대해 알아보겠습니다.

    베트맨 사이트는 국내 유일한 합법적 베팅이 가능한 사이트로 이외의 사이트를 통한 투표권 발행 유사행위는 법으로 금지되어 있으며 청소년 및 발행대상 운동경기 관계자는 구매하거나 환급받을 수 없습니다.

    베트맨 사이트 주소는 http:www.betman.co.kr입니다. 먼저 베트맨 사이트에 회원 가입을 하고 금액 충전(무통장 입금)을 해야 합니다.

온라인 토토 합법 사이트(베트맨)

프로토 승부식 구매하는 방법

베트맨 사이트에 접속하고 로그인을 한 뒤 메뉴에서 '구매 가능 게임' 중 프로토를 클릭합니다. 조회 시점에 구매 가능한 회차 정보가 보이면 클릭합니다.

승부식 회차가 진행되고 있는 문구를 클릭하면 구매 가능한 리스트 화면으로 전환됩니다.

화면에 표시되는 내용

구분	설명
번호	경기 번호가 표시된다. (오프라인 매장에서는 용지에 마킹해야 하는 중요한 정보입니다.)
마감일시	구매 마감일시로 경기시작 10분 전으로 해외경기의 경우 구매가능한시간 범위내에서 10분전입니다.
종목/대회	경기의 종목과 리그정보를 보여줍니다.
게임유형	일반, 핸디캡, 언더오버 유형 중 해당 유형을 보여줍니다.
홈팀vs원정팀	홈팀명과 원정팀 명을 보여줍니다.
배당률	적중시 환급해줄 배당률을 보여줍니다. 강팀에게 작은 배당을 설정합니다.(정배)

온라인(베트맨) 승부식 구매 예시

구매투표지 | **맞춤·조건구매** | **공지사항**

구매하기 | **카트내역**

프로토 승부식 60회차

201	오스틴FC	패 3.50 ×
204	캐나다W	승 2.49 ×
207	밴쿠버와이	승 3.10 ×
213	멕시코	패 3.03 ×

승1패 23회차 / 마감 2일 전
스페셜 트리플 88회차 / 마감 2일 전
스페셜 더블 88회차 / 마감 2일 전

① 새로 고침 1 / 1

발매중 발매전 발매마감

게임유형전체 요일전체 종목전체 대회전체 검색

대상경기의 승/무/패, U/O 결과를 선택해 주세요.   자동선택

번호	마감일시	종목/대회	게임유형	홈팀 vs 원정팀	배당율선택	경기일시	장소	정보
201	08.01 (일) 09:50 마감	MLS	일반	오스틴FC : 콜로래피	승 1.83 ▾ / 무 3.30 ▲ / **패 3.50**	08.01 (일) 10:00		
202	08.01 (일) 09:50 마감	MLS	핸디캡	오스틴FC : 콜로래피 H+1.0	승 3.45 ▾ / 무 3.65 / 패 1.75 ▲	08.01 (일) 10:00		
203	08.01 (일) 09:50 마감	MLS	언더오버	오스틴FC : 콜로래피 U/O 2.5	U 1.80 ▾ / O 1.73 ▾	08.01 (일) 10:00		
② 204	08.01 (일) 09:50 마감	여농올림	일반	캐나다W : 스페인W	**승 2.49 ▲** / 무 1.36 ▾	08.01 (일) 10:00		
205	08.01 (일) 09:50 마감	여농올림	핸디캡	캐나다W : 스페인W H+4.5	승 1.79 / 패 1.73	08.01 (일) 10:00		
206	08.01 (일) 09:50 마감	여농올림	언더오버	캐나다W : 스페인W U/O 140.5	U 1.78 / O 1.74	08.01 (일) 10:00		
③ 207	08.01 (일) 10:50 마감	MLS	일반	밴쿠버와이 : 미네유나	**승 3.10 ▾** / 무 3.15 ▲ / 패 2.01 ▲	08.01 (일) 11:00		
208	08.01 (일) 10:50 마감	MLS	핸디캡	밴쿠버와이 : 미네유나 H+1.0	승 1.62 ▾ / 무 3.70 ▲ / 패 4.00 ▲	08.01 (일) 11:00		
209	08.01 (일) 10:50 마감	MLS	언더오버	밴쿠버와이 : 미네유나 U/O 2.5	U 1.73 ▾ / O 1.79 ▴	08.01 (일) 11:00		
210	08.01 (일) 10:55 마감	남매올림	일반	브라질M : 프랑스M	승 1.50 / 패 2.13	08.01 (일) 11:05		
211	08.01 (일) 10:55 마감	남매올림	핸디캡	브라질M : 프랑스M H-1.5	승 1.93 / 패 1.62	08.01 (일) 11:05		
212	08.01 (일) 10:55 마감	남매올림	언더오버	브라질M : 프랑스M U/O 185.5	U 1.76 / O 1.76	08.01 (일) 11:05		
④ 213	08.01 (일) 11:50 마감	야매장치	일반	멕시코 : 이스라엘	승 1.24 / **패 3.03**	08.01 (일) 12:00		
214	08.01 (일) 11:50 마감	야매올림	핸디캡	멕시코 : 이스라엘 H-1.5	승 1.57 / 패 2.00	08.01 (일) 12:00		
215	08.01 (일) 11:50 마감	야매올림	언더오버	멕시코 : 이스라엘 U/O 8.5	U 2.01 / O 1.71	08.01 (일) 12:00		
216	08.01 (일) 13:30 마감	남농올림	핸디캡	아르헨M : 일본M H-9.5	승 1.77 / 패 1.75	08.01 (일) 13:40		
217	08.01 (일) 13:30 마감	남농올림	언더오버	아르헨M : 일본M U/O 166.5	U 1.74 / O 1.78	08.01 (일) 13:40		
218	08.01 (일) 14:10 마감	남매올림	핸디캡	ROC남 : 튀니지M H-2.5	승 1.35 / 패 2.53	08.01 (일) 14:20		
219	08.01 (일) 14:10 마감	남매올림	언더오버	ROC남 : 튀니지M U/O 132.5	U 1.76 / O 1.76	08.01 (일) 14:20		
220	08.01 (일)			이탈리아M : 뉴질M	승 / 패	08.01 (일)		

⑤
선택 경기수	4 경기
예상적중배당율	81.9 배
개별투표금액	100 × 원
예상적중금액	8,190 원
구매가능금액	50,000 원

카트담기 바로구매

경기 일시	게임의 경기 일시
장소	게임의 장소
정보	배당이 변경되었을 경우 변경 정보를 보여줍니다.

71페이지의 그림처럼 MLS 경기 중 ❶ '201번 경기 콜로래피', 여자농구올림픽 ❷ '204번 경기 캐나다W', MLS 경기 중 ❸ '207번 경기 밴쿠화이'. 야구올림픽 경기 중 ❹ '213번 경기 이스라엘'이 승리할 것을 예측하여 선택합니다. ❺ 선택 경기는 4경기로 표시되고 예상적중 배당률은 각자 가지고 있던 배당률이 곱해져서 81.9배가 됩니다. 구매 금액은 최소 100원에서 최대 5만 원까지입니다.

오프라인 금액은 10만 원까지 가능하지만 온라인을 통한 구매는 최대 5만 원까지이며 5만 원 한도는 한 회차당, 한 게임 유형에 적용이 됩니다. 만약 이번 경기에 5만 원을 모두 베팅하였다면 이번 회차에서 다른 승부식 경기는 베팅할 수 없습니다.

그림 예시에서는 100원을 구매(베팅)하고 모든 게임이 적

2021년 승무패 32회차 구매 예시

14경기 결과를 승/무/패로 선택해 주세요. (복식 가능)   다득표 자동선택   1,000원 ▼

구매하기	카드내역 🛒

축구토토 승무패 32회차 🖨

경기	경기일시/장소	홈팀 vs 원정팀	예상결과선택			조합수	정보
			승	무	패		
1경기	21.08.07 (토) 19:00 ⏱	전북현대 vs 대구FC	55.1% (2,853)	25% (1,295)	19.9% (1,029)	x2	+
2경기	21.08.07 (토) 20:00 ⏱	울산현대 vs 강원FC	74.4% (3,853)	14.7% (759)	10.9% (565)	x2	+
3경기	21.08.07 (토) 20:00 ⏱	수원삼성 vs 제주유나	46.3% (2,397)	32.3% (1,672)	21.4% (1,108)	x1	+
4경기	21.08.07 (토) 20:00 ⏱	성남FC vs 포항스틸	16.8% (870)	29.8% (1,541)	53.4% (2,766)	x1	+
5경기	21.08.08 (일) 08:30 ⏱	콜럼크루 vs 애틀유나	70.7% (3,661)	17.4% (901)	11.9% (615)	x1	+
6경기	21.08.08 (일) 09:00 ⏱	마네유나 vs 휴스다아	53.7% (2,778)	33.8% (1,749)	12.6% (650)	x2	+
7경기	21.08.08 (일) 09:30 ⏱	FC댈러스 vs 오스틴FC	60.5% (3,132)	25.5% (1,321)	14% (724)	x1	+
8경기	21.08.08 (일) 10:00 ⏱	콜로레퍼 vs 스포캔사	27.8% (1,440)	29.1% (1,509)	43% (2,228)	x1	+
9경기	21.08.08 (일) 11:30 ⏱	포틀팀버 vs 레알솔트	36.6% (1,893)	31.7% (1,643)	31.7% (1,641)	x2	+
10경기	21.08.08 (일) 20:00 ⏱	FC서울 vs 광주FC	53.9% (2,792)	29.3% (1,519)	16.7% (866)	x2	+
11경기	21.08.08 (일) 20:00 ⏱	인천유나 vs 수원FC	32.8% (1,697)	31.5% (1,629)	35.8% (1,851)	x1	+
12경기	21.08.09 (월) 07:00 ⏱	시카파어 vs 뉴욕레드	16.8% (872)	35.7% (1,850)	47.4% (2,455)	x1	+
13경기	21.08.09 (월) 07:00 ⏱	인터마어 vs 내슈빌SC	17.8% (924)	23.1% (1,196)	59% (3,057)	x1	+
14경기	21.08.09 (월) 07:00 ⏱	뉴밍레벌 vs 필라유니	72% (3,726)	15.9% (821)	12.2% (630)	x1	+
		전체조합수				32	

조합수	32 조합
개별투표금액	1,000 원
총투표금액	32,000 원
구매가능금액	50,000 원

카트담기   바로구매

중했을 때 8,190원을 환급받을 수 있습니다. 게임이 적중되면 가입 시 등록된 계좌로 자동 환급이 됩니다.

토토 축구 승무패 구매 방법

베트맨 사이트에 접속한 뒤 구매 가능 경기로 이동합니다. 구매 가능한 해당 회차의 승무패를 클릭하여 이동합니다.

73페이지의 그림처럼 14경기 모두 예상 결과에 클릭을 하게 되면 파란색으로 선택한 것이 표시가 됩니다. 경기당 한 개의 예상 결과를 찍으면 단식이 되는 것이고 만약 두 개 이상의 예상 결과를 찍으면 복식이 되는 것입니다. 여기서 한 조합에 구매 금액이 천 원이므로 32조합(2폴더 5개) 구매 금액은 3만 2천 원이 됩니다.

여기서 주의점은 온라인은 최대 구매 가능이 오프라인 10만 원 보다 적은 5만 원까지만 베팅이 가능하다는 점입니다. 이는 복식으로 조합 시 오프라인에 비해 선택할 수 있는 조합수가 더 적어집니다.

사설토토(불법) 위험 사례

온라인 사설토토는 불법입니다. 불법 스포츠토토 발행이
나 온라인 사설토토 불법 운영은 국민체육진흥법 위반죄나
도박장 개설죄 외에도 가중 처벌받을 가능성도 높습니다.

특히 불법 스포츠토토는 조직적으로 운영되는 경우가 많
아 불법 운영자 대표, 총책, 자금 관리, 운영 관리, 서버 관리
자 등의 역할 분담이 체계적으로 되어 있어 범죄단체조직죄
가 적용될 가능성도 있습니다.

따라서 사용자 또한 불법으로 처벌이 되므로 절대 사설토
토를 이용하면 안 됩니다. 불법 사이트의 경우 대부분의 서
버를 해외에 개설하여 국내 사이버수사대의 추적이 어렵습
니다. 이래서 입금만 받고 적중 시 지급을 하지 않는 일명 먹

튀 사이트도 많이 있으므로 사용자의 주의가 필요합니다. 절대 불법 사이트(사설토토 사이트)에 가입하거나 베팅하지 말고 발견 시 신고하시길 바랍니다.

불법 사설토토에 참여한 개인들에 대한 형사처분은 단순 도박죄 또는 상습 도박죄 혐의를 적용받을 수도 있는 데, 만약 상습도박죄라면 3년 이하의 징역 또는 2천만 원 이하의 벌금형에 처해질 수 있습니다.

스포츠토토의 경우 매우 중독성이 강한 게임입니다. 그래서 자기조절이 필요합니다. 우연히 배당이 높은 경기 적중으로 환급금이 큰 금액에 당첨된 후, 다음번 베팅도 배당이 높은 경기 위주로 베팅을 하는 사례가 일반적입니다. 하지만 낙첨이 계속 된다면 잃었던 돈을 복구하고자 하는 심리 때문에 다시 무리한 베팅을 계속하는 경우가 생깁니다. 그래서 반드시 베팅 금액에 대한 한도, 베팅 횟수를 스스로 조절해야 합니다. 예를 들어 연속 5일 낙첨이라면 일정 기간 동안 토토 휴식기를 갖은 다음 다시 베팅을 하시길 바랍니다.

아직도 스포츠토토를 도박으로 생각하는 많은 사람들이 있는데 이런 부정적인 시각을 갖게 된 이유는 위와 같이 자기 절제 없이 큰 금액을 지속적으로 무리한 베팅을 하여 경제적 손실을 크게 본 사례가 많기 때문입니다.

  스포츠토토가 취지에 맞게 건전한 레저 게임으로 자리매
김을 위해서는 불법토토 근절 및 자기 절제가 선행되어야 합
니다.

PART 4

스포츠토토 통계 분석

앞에서는 스포츠토토가 무엇이고 어떤 게임이 있고 어디에서 구매하고 어떻게 배팅하는지 기본적인 것에 대해 알아보았습니다.

이제 베팅을 하기 전 베팅할 팀을 결정하는 아주 중요한 스포츠 분석에 대해 시작하겠습니다. 이 부분이 이 책의 핵심입니다. 스포츠 데이터 통계를 기반으로 분석하는 토토기술사 방식을 설명하겠습니다.

먼저 축구 리그 전체 통계를 보고 개별 경기에 대한 통계를 봅니다. 숲을 보고 나무를 보는 것과 같습니다. 축구경기에 대한 전체적인 통계를 알고 있어야 개별 팀을 분석할 때 보다 분석의 정확성을 높일 수 있습니다.

축구경기 종합 통계

가장 범주가 큰 통계인 경기 구분에 따른 통계를 확인해 보겠습니다. 아래는 경기 구분에 따라 배당을 기준으로 결과 통계입니다.

경기 구분	건수	정배	역배	무승부
일반	3628	1909(52.6%)	801(22.1%)	918(25.3%)
핸디캡	3324	1743(52.4%)	866(26.1%)	715(21.5%)
언더오버	2954	1712(58.0%)	1242(42.0%)	N/A

(2020년 기준)

축구 일반 경기의 경우 정배가 '52.6%', 무승부가 '25.3%', 역배가 '22.1%'입니다. 단순하게 정배로 베팅할 경우 적중 확률이 52.6%밖에 되지 않습니다. 반대로 생각하면 역배와 무승부가 많기 때문에 축구 결과를 예측하는 것이 절대 쉬운 것이 아님을 알 수 있습니다.

일반 무승부와 핸디캡 무승부의 통계에서도 핸디캡 무승부의 비중이 적다는 것을 확인할 수 있다. 이는 일반 무승부보다 핸디캡 무승부를 적중시키는 깃이 더욱 어렵다는 것을 뜻합니다.

역배의 경우는 일반 경기의 역배보다 핸디캡 경기의 역배가 상대적으로 적중 확률이 높다는 것을 통계적으로 확인할 수 있습니다.

축구 리그별 통계

    2020~2021년 5월까지 주요 축구 리그별 정배, 역배, 무승부의 통계를 확인해 보겠습니다.

    84페이지의 통계를 보면 'EPL'은 정배가 '51%', 무승부 '24.2%', 역배가 '24.8%'로 축구 전체 통계에서 크게 차이 나지는 않습니다. 하지만 'K리그1'을 보면 정배가 '48.8%', 무승부 '25.4%', 역배가 '25.8%'로 정배의 경우 축구 평균 52%보다 무려 4%나 작은 48%입니다. 이는 K리그가 다른 리그에 비해 이변(무승부나 역배)이 많다는 것입니다. 다시 말하면 K리그 분석이 EPL보다 더욱 어렵다는 의미입니다.

    이를 통계적으로 확인했다면 '토토승무패' 경기가 만약 K리그와 EPL로 구성되어 있다면 복식을 K리그에 더 많이 구성해야 적중 확률이 높아지게 되는 것입니다. 그리고 축구

축구 리그별 통계

리그	정배	무승부	역배	합계
프리그1	220(50.5%)	113(25.9%)	103(23.6%)	436
축월드예	50 (61.0%)	19 (23.2%)	13(15.9%)	82
에레디비시	190(55.6%)	87 (25.4%)	65(19.0%)	342
세리에A	312(57.5%)	129(23.8%)	102(18.8%)	543
분데스리가	229(53.0%)	107(24.8%)	96(22.2%)	432
라리가	267(51.1%)	152(29.1%)	104(19.9%)	523
U네이션	84 (52.5%)	48 (30.0%)	28(17.5%)	160
UEL	154(60.9%)	46 (18.2%)	53(20.9%)	253
UCL	100(64.1%)	29 (18.6%)	27(17.3%)	156
MLS	160(48.2%)	80 (24.1%)	92(27.7%)	332
K리그2	85 (46.7%)	46 (25.3%)	51(28.0%)	182
K리그1	117(48.8%)	61 (25.4%)	62(25.8%)	240
J리그	209(50.2%)	96 (23.1%)	111(26.7%)	416
EPL	258(51.1%)	122(24.2%)	125(24.8%)	505
CSL	83 (51.9%)	45 (28.1%)	32(20.0%)	160
ACL	81 (53.3%)	38 (25.0%)	33(21.7%)	152

(2020~2021년 5월 기준)

월드컵 예선(국가 대항전)이나 유럽 챔피언스리그의 통계를 보면 정배가 높은 것을 확인할 수 있습니다.

이처럼 역배, 무승부 베팅 시 리그의 특성을 반영한 통계를 알아야 조금이라도 적중률을 높일 수 있습니다.

| 축구 리그별 범례 |

EPL 잉글랜드 프리미어리그는 1992년에 시작한 영국의 최상위 축구 리그입니다.

라리가 프리메라리가로 알려진 스페인 최상위 축구 리그입니다.

세리에A 이탈리아의 프로축구 최상위 리그입니다.

분데스리가 독일의 프로축구 최상위 리그입니다.

프리그1 프랑스 축구의 1부 리그로 프랑스 프로축구의 최상위 리그입니다.

에레디비시 네덜란드의 1부 최상위 축구 리그입니다.

U네이션 UEFA 네이션스리그는 유럽 축구 연맹 회원국의 국가대표팀이 참가하는 국가 대항 축구 대회입니다.

UEL UEFA 유로파리그는 1971년부터 UEFA가 주관하는 유럽 축구 클럽들을 위한 대회입니다. UEFA 챔피언스리그에 이어 2번째로 큰 대회로서 각국의 리그와 컵 대회 성적으로 출전 팀이 결정됩니다.

UCL UEFA 챔피언스리그는 유럽 최상위 축구 리그의 가장 우수한 축구 클럽들을 대상으로 유럽 축구 연맹이 주관하는 클럽 축구 대회입니다.

MLS 메이저 리그 사커로 미국과 캐나다의 최상위 프로 축구 리그입니다.

K리그1 대한민국의 1부 축구 리그입니다.

K리그2 대한민국의 2부 축구 리그입니다.

J리그 일본의 최상위 축구 리그입니다.

CSL 중국의 축구 1부 리그입니다.

ACL AFC 챔피언스리그는 아시아 축구 연맹이 주관하는 아시아에서 가장 우수한 축구 클럽들을 대상으로 매년 열리는 클럽 축구 대회입니다.

일리그컵 일본의 컵 대회입니다.

축INTL 클럽 친선 축구 대회입니다.

축월드예 축구 월드컵 예선입니다.

한국FA컵 대한축구협회에서 주관하는 축구 대회로, 매년 개최되는 컵대회입니다.

축구 팀별 통계

리그에서도 팀별 분석을 확인해 보겠습니다. 2021년 5월 기준 EPL리그 순위 1위인 '맨체스터시티 팀'의 통계를 먼저 확인해보겠습니다.

홈팀 기준 정배 '76%(19건)', 무승부 '12%(3건)', 역배 '12%(3건)'입니다. 이는 맨체스터시티 팀의 경우 정배 확률이 매우 높은 것을 확인할 수 있습니다. 이는 결과적으로 맨체스터시티의 승리 확률이 높고 그만큼 배당은 작을 것입니다.

원정팀 기준으로 보았을 때도 큰 차이는 없습니다. 맨체스터시티는 홈일 때나 원정 일때나 전력에 크게 영향을 미치지 않는다는 것을 통계적으로 확인할 수 있습니다.

88페이지에 있는 2021년 5월 기준 최하위 팀(20위)인

홈팀 기준

홈팀	정배	무승부	역배	합계
노리치	7 (77.8%)	1 (11.1%)	1 (11.1%)	9
뉴캐슬	11 (42.3%)	9 (34.6%)	6 (23.1%)	26
레스터	15 (57.7%)	3 (11.5%)	8 (30.8%)	26
리버풀	17 (65.4%)	4 (15.4%)	5 (19.2%)	26
리즈	5 (31.3%)	5 (31.3%)	6 (37.5%)	16
맨체스C	19 (76.0%)	3 (12.0%)	3 (12.0%)	25
맨체스U	13 (52.0%)	6 (24.0%)	6 (24.0%)	25
번리	7 (28.0%)	10 (40.0%)	8 (32.0%)	25
본머스	1 (12.5%)	2 (25.0%)	5 (62.5%)	8
브라이턴	8 (32.0%)	12 (48.0%)	5 (20.0%)	25
사우샘프	12 (48.0%)	4 (16.0%)	9 (36.0%)	25
셰필드U	18 (72.0%)	2 (8.0%)	5 (20.0%)	25
아스널	11 (44.0%)	6 (24.0%)	8 (32.0%)	25
애스턴	13 (52.0%)	4 (16.0%)	8 (32.0%)	25
에버턴	8 (32.0%)	9 (36.0%)	8 (32.0%)	25
왓포드	4 (44.4%)	2 (22.2%)	3 (33.3%)	9
울버햄튼	12 (46.2%)	7 (26.9%)	7 (26.9%)	26
웨스브로	9 (56.3%)	5 (31.3%)	2 (12.5%)	16
웨스트햄	12 (48.0%)	7 (28.0%)	6 (24.0%)	25
첼시	16 (61.5%)	7 (26.9%)	3 (11.5%)	26
크리스탈	13 (52.0%)	7 (28.0%)	5 (20.0%)	25
토트넘	17 (68.0%)	3 (12.0%)	5 (20.0%)	25
풀럼	10 (58.8%)	4 (23.5%)	3 (17.6%)	17

(2020~2021년 5월 기준)

'셰필드유나이티드' 통계를 보겠습니다. 홈팀 기준 정배 '72%(18건)', 무승부 '8%(2건)', 역배 '20%(5건)'으로 이 또한 정배 확률이 매우 높은 것을 확인할 수 있습니다.

90페이지에 있는 원정팀 기준일 때는 역배 7.7%로 이변을 일으킬 확률이 더욱 떨어지는 통계로 볼 수 있습니다. 이로써 최강팀과 최약 팀의 경우 정배 확률이 높다는 상식이 통계적으로 확인되었습니다. 20201년 5월 현재 중위권인 10위의 애스턴빌라의 통계를 확인해보면 홈팀일 때 정배 비율이 52%였지만 원정팀일 경우 정배 비율이 42%로 내려가는 것을 확인할 수 있습니다. 이는 원정팀일 때 이변(무승부나 역배)이 많이 발생한다고 해석할 수 있습니다.

종합해보면 최강팀과 최약 팀은 배당률만 보고도 정배의 결과로 예측할 경우 정배대로 적중될 확률이 높으나 중위권 팀들에 대해서는 보다 세부적인 데이터들을 분석해야만 적중 확률을 높일 수 있습니다. 여기서 설명한 통계는 토토기술사 통계 사이트에서 확인 가능합니다. 통계라는 것은 최신 데이터들이 누적되어 쌓이므로 최신 통계는 시스템을 통해 직접 확인하는 것이 좋습니다. 책을 통해 통계를 확인하면 이미 과거 데이터입니다.

원정팀 기준

원정팀	정배	무승부	역배	합계
노리치	7 (87.5%)	1 (12.5%)	0 (0.0%)	8
뉴캐슬	13 (52.0%)	7 (28.0%)	5 (20.0%)	25
레스터	9 (36.0%)	8 (32.0%)	8 (32.0%)	25
리버풀	13 (52.0%)	7 (28.0%)	5 (20.0%)	25
리즈	11 (64.7%)	0 (0.0%)	6 (35.3%)	17
맨체스C	18 (69.2%)	3 (11.5%)	5 (19.2%)	26
맨체스U	12 (48.0%)	9 (36.0%)	4 (16.0%)	25
번리	12 (48.0%)	5 (20.0%)	8 (32.0%)	25
본머스	8 (88.9%)	0 (0.0%)	1 (11.1%)	9
브라이턴	8 (30.8%)	10 (38.5%)	8 (30.8%)	26
사우샘프	11 (42.3%)	6 (23.1%)	9 (34.6%)	26
셰필드U	20 (76.9%)	4 (15.4%)	2 (7.7%)	26
아스널	12 (46.2%)	6 (23.1%)	8 (30.8%)	26
애스턴	11 (42.3%)	7 (26.9%)	8 (30.8%)	26
에버턴	12 (48.0%)	4 (16.0%)	9 (36.0%)	25
왓포드	5 (55.6%)	1 (11.1%)	3 (33.3%)	9
울버햄튼	8 (32.0%)	6 (24.0%)	11 (44.0%)	25
웨스브로	9 (56.3%)	5 (31.3%)	2 (12.5%)	16
웨스트햄	15 (60.0%)	5 (20.0%)	5 (20.0%)	25
첼시	12 (48.0%)	7 (28.0%)	6 (24.0%)	25
크리스탈	14 (58.3%)	5 (20.8%)	5 (20.8%)	24
토트넘	12 (48.0%)	9 (36.0%)	4 (16.0%)	25
풀럼	6 (37.5%)	7 (43.8%)	3 (18.8%)	16

(2020~2021년 5월 기준)

골득실점 통계

    축구 골득실점에 대한 통계를 확인해보겠습니다. 여기서 가장 득점력이 높은 리그는 네덜란드 프로 축구 1부 리그인 '에레디비시'이고 그다음은 이탈리아의 '세리에A' 리그입니다. 그리고 실점 평균이 많은 리그는 독일의 '분데스리'이고 그다음은 이탈리아의 '세리에A' 순입니다.

    이 통계로 어느 리그가 골득실점이 평균 이상인지 확인할 수 있습니다. 골득점과 실점은 UO 경기를 예측하거나 기록식 게임을 할 때 중요한 정보가 됩니다.

    이 통계에서는 에레디비시의 경기의 경우는 Under와 Over 선택 시 결정하기 어려운 경기라면 Over를 선택하는 것이 적중 확률이 높다는 것입니다.

    득점 스코어 통계(2020년)도 확인해 보겠습니다.

축구 골득실점

리그	경기수	득점	실점
ACL	93	1.39	1.18
CSL	160	1.44	1.32
EPL	328	1.45	1.23
J리그	297	1.45	1.38
K리그1	162	1.35	1.27
K리그2	137	1.15	1.26
MLS	293	1.65	1.23
UCL	130	1.52	1.48
UEL	195	1.72	1.28
U네이션	160	1.25	1.01
라리가	341	1.34	1.04
분데스리	270	1.6	1.59
세리에A	338	1.65	1.49
에레디비시	194	1.71	1.35
축월드예	20	1.9	1.45
프리그1	259	1.42	1.31

(2020년 기준)

득점 스코어 통계

득점	건수	비율
1 : 01	440	12.10%
2 : 01	318	8.80%
1 : 00	300	8.30%
0 : 01	277	7.60%
1 : 02	263	7.20%
0 : 00	259	7.10%
2 : 00	221	6.10%
0 : 02	209	5.80%
2 : 02	170	4.70%
3 : 00	144	4.00%
3 : 01	142	3.90%
1 : 03	125	3.40%
0 : 03	95	2.60%
2 : 03	84	2.30%
4 : 00	82	2.30%
3 : 02	68	1.90%
4 : 01	61	1.70%
1 : 04	50	1.40%
3 : 03	45	1.20%
기타	275	7.60%

(2020년 기준)

축구경기 스코어 통계를 보면 '1:1(1:01)'의 결과가 가장 많음을 확인해 볼 수 있습니다. 만약 기록식(스코어까지 맞추는 게임)이라면 1:1에 베팅할 때 통계적으로 적중 확률이 가장 높습니다.

이는 다시 리그별, 팀별 분석을 해볼 수 있는데 이 또한 토토기술사 통계 사이트에서 확인해 보실 수 있습니다. 책의 지면이 부족한 관계로 EPL리그 기준으로 보면 1:1 경기가 14%로 축구 전체 통계 1:1(12%)보다도 2% 높은 통계를 가지고 있습니다.

무승부 통계

주요 리그의 무승부 통계를 확인해 보겠습니다. 앞선 경기 스코어 통계에서 언급된 것처럼 1:1 무승부가 가장 많고 그 다음은 0:0 무승부입니다.

구분	0:0	1:1	2:2	3:3	4:4
K리그1	23	29	7	2	-
J리그	31	44	17	4	-
EPL	41	60	14	7	-
라리가	42	79	30	2	-
분데스리	22	55	23	7	-
세리에A	26	62	32	9	-
에레디비	19	47	17	3	1
프리그1	29	57	22	3	2

(2020년 기준)

동일한 무배당 경기 건수 통계

순위	배당	전체건수
1	무3.20	322
2	무3.30	304
3	무3.40	295
4	무3.25	270
5	무3.35	257
6	무3.10	243
7	무3.05	241
8	무3.15	234
9	무3.00	218
10	무3.45	217

(2020년 기준)

무승부 결과가 나온 무배당 통계

순위	배당	전체건수
1	무3.20	105
2	무3.30	89
3	무3.40	85
4	무3.25	77
5	무3.05	72
6	무3.10	70
7	무3.15	65
8	무3.35	61
9	무3.00	58
10	무2.90	48

(2020년 기준)

이를 통해 무승부로 경기를 예측한다면 언더, 오버 예측에서는 언더에 베팅해야 확률이 높다는 것을 통계적으로도 확인할 수 있습니다.

그리고 어떤 배당 조건에서 무승부가 가장 많이 나왔는지 2020년~2021년 5월까지 축구 일반 경기를 대상으로 무승부가 발생한 경기에 대해 96페이지의 표에서 각 배당별 통계적 특징을 확인해 보았습니다.

이 통계에서는 특정 배당에서 무승부 결과가 많이 나왔는지를 확인하기 위해 조사하였지만 특정 배당과 무승부와의 관계는 없었습니다.

'무:3.20' 배당을 받은 경기 건수가 제일 많이 있고 실제 무승부의 결과도 무:3.20 배당에서 가장 많습니다. 즉, 무:3.20 배당이 전체 건수가 많기 때문에 무승부의 비율도 많은 것이 통계로 확인되었습니다. 1~4위까지 같은 결과가 같은 통계를 확인할 수 있습니다.

흔히들 어느 배당에서는 어떤 결과가 무조건 나온다. 이런 검증되지 않은 얘기를 들어보셨을 겁니다. 하지만 실제 통계를 통해 확인해보지 않고 베팅을 하는 것은 매우 위험한 전략입니다.

2020~2021년 프리미어리그 최종 순위

순위	팀	경기	승	무	패
1	맨체스C	38	27	5	6
2	맨체스U	38	21	11	6
3	리버풀	38	20	9	9
4	첼시	38	19	10	9
5	레스터	38	20	6	12
6	웨스트햄	38	19	8	11
7	토트넘	38	18	8	12
8	아스널	38	18	7	13
9	리즈	38	18	5	15
10	애버튼	38	17	8	13
11	아스톤 빌라	38	16	7	15
12	뉴캐슬	38	12	9	17
13	울버햄튼	38	12	9	17
14	크리스탈	38	12	8	18
15	사우샘턴	38	12	7	19
16	브라이튼	38	9	14	15
17	번리	38	10	9	15
18	풀럼	38	5	13	20
19	웨스브로	38	5	11	22
20	셰필드U	38	7	2	29

98페이지의 2020~2021년 리그 순위와 무승부와의 관계도 한번 보겠습니다.

팀 순위별 무승부 건수를 그래프로 나타내보면 순위와 무승부 간의 특별한 특징(연관 관계)는 없습니다. 이는 프리미어 리그뿐만 아니라 세리에A, 분데스리가, 라리가, 에레디비시 등 유럽 리그 모두 데이터로 확인한 결과 팀 순위와 무승부 건수에 관한 연관 관계가 크지 않음을 나타내 주고 있습니다.

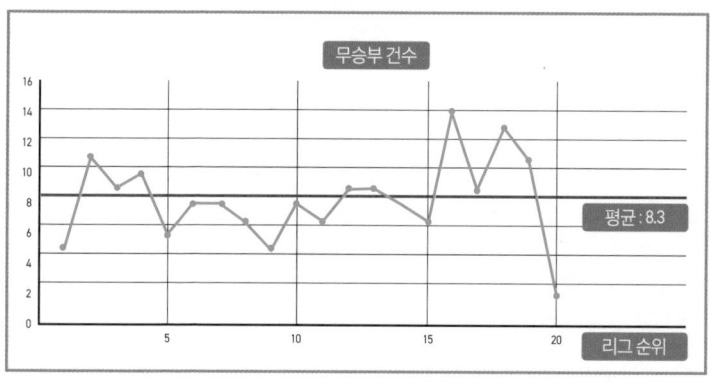

100페이지의 2020~2021시즌 라리가의 리그 순위와 무승부와의 관계도도 확인해 보겠습니다.

2020~2021시즌 라리가의 리그 순위

순위	팀	경기	승	무	패
1	AT마드리드	38	26	8	4
2	레알마드리드	38	25	9	4
3	바르셀로나	38	24	7	7
4	세비아	38	24	5	9
5	레알소시에다드	38	17	11	10
6	베티스	38	17	10	11
7	비야레알	38	15	13	10
8	셀타비고	38	14	11	13
9	그라나다	38	13	7	18
10	빌바오	38	11	13	14
11	오사수나	38	11	11	16
12	카디스	38	11	11	16
13	발렌시아	38	10	13	15
14	레반테	38	9	14	15
15	헤타페	38	9	11	18
16	알라베스	38	9	11	18
17	엘체	38	8	12	18
18	우에스카	38	7	13	18
19	바야돌리드	38	5	16	17
20	에이바르	38	6	12	20

무승부 정배당

년도	회차	경기번호	홀 vs 원정	승배당	무배당	패배당	결과
2021	40	487	RC스트라 vs 로리앙	2.70	1.90	4.15	1 : 1(무)
2020	5	57	우즈베키 vs 한국	2.95	2.44	2.50	1 : 2(패)
2020	5	101	요르단 vs 아랍에미	3.25	2.19	2.60	1 : 1(무)
2016	36	122	로코타슈 vs U알라스	2.60	1.70	5.30	0 : 0(무)
2006	17	13	파르마vs 시에나	2.20	2.05	3.25	1 : 1(무)
2006	17	6	우디네세 vs 키에보	2.20	2.05	3.25	1 : 1(무)
2006	17	5	아스콜리 vs 칼리아리	2.30	2.00	3.80	2 : 2(무)

앞서 언급한 대로 라리가의 경우도 리그 순위와 무승부와
의 연관 관계를 찾아보기 어렵습니다.

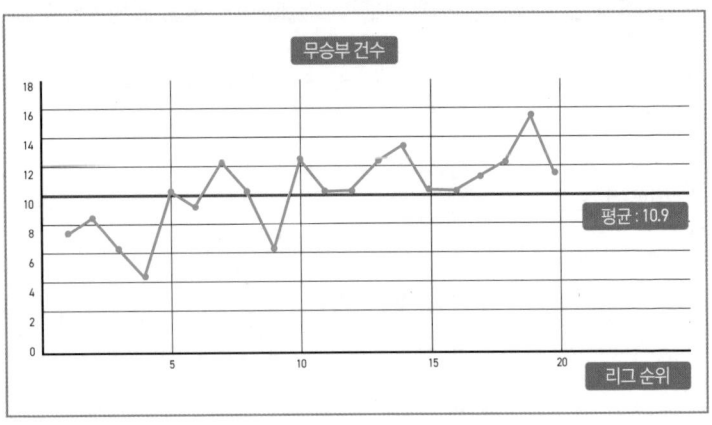

101페이지의 도표를 보면 무승부가 정배당을 받는 아주
특이한 경우가 있는데 대부분의 경기가 정배당인 무승부로
끝났습니다.

역배 통계

축구 중 영국의 EPL리그(2020~2021년 5월)에 일반 경기 기준으로 통계를 보겠습니다. 여기서는 전체 507 경기 중 역배 125 경기에 대해 상세하게 알아보겠습니다.

구분	정배	무승부	역배	전체
건수	259	123	125	507

국내 배당(베트맨)을 기준으로 역배가 가장 많이 나오는 배당 통계입니다. 여기서는 125개 역배 중 3건 이상 나온 배당만 확인해 보겠습니다. 참고로 배당만으로 역배를 예측하는 것은 인과관계가 부족하므로 아래 배당만 보고 역배로 베팅하면 안 됩니다.

승 배당			무승부 배당			패 배당	
배당	**건수**		**배당**	**건수**		**배당**	**건수**
승2.33	4		무2.80	4		패2.35	3
승1.73	3		무2.85	4		패2.55	4
승2.65	3		무2.95	4		패2.60	3
승3.35	3		무3.00	7		패2.70	3
			무3.05	11		패2.75	3
			무3.10	8		패2.85	3
			무3.15	9		패2.90	5
			무3.20	5		패3.10	4
			무3.25	7		패3.45	3
			무3.30	8		패3.65	3
			무3.35	8			
			무3.40	7			
			무3.45	5			
			무3.60	4			
			무3.65	5			

(2020~2021년 5월 기준)

역배에서 점수 통계

결과	건수	비고(2.5기준)
0:01	21	언더
1:02	20	
1:00	17	언더
0:02	14	언더
2:01	11	
0:03	6	
1:03	6	
2:00	5	언더
3:00	4	
3:01	4	
3:02	4	
2:03	3	
2:05	2	
4:01	2	
1:04	1	
1:06	1	
0:04	1	
3:04	1	
4:00	1	
7:02	1	

(2020~2021년 5월 기준)

105페이지의 역배에서 점수 통계가 어떤 분포인지도 확인해보겠습니다. 역배에서 '0:1(1:01)'의 결과가 가장 통계적으로 많이 나오는 점수였습니다.

역배의 경기 결과가 나왔다면 상식적으로도 약 팀이 강팀을 1점 차로 이기는 경우가 제일 많을 것으로 예상되는데 통계에서도 예측대로 확인이 되었습니다.

구분	언더	오버	전체
건수(비율)	57 (45.6%)	68 (54.4%)	125

하지만 전체 스코어로 확인해보면 위의 표와 같이 오버의 경기가 더 많다는 것을 확인해 볼 수 있습니다.

언더, 오버(U/O) 통계

108페이지의 축구 언더오버의 전체 통계를 보면 오버가 2,489건 언더가 2,427건으로 거의 50:50으로 통계가 나옵니다. 하지만 리그별로 세부적으로 분석하면 리그별로 다른 특징이 나타납니다.

여기서 리그별 특징을 확인해 볼 수 있습니다. EPL의 경우 언더의 결과가 높고, 라리가의 경우 오버의 결과가 더 많이 나오는 통계를 확인할 수 있습니다. 이를 통해 리그별로 언더오버 베팅 시 기준선을 잡고 분석을 시작하면 좋습니다.

챔피언스리그나 유로파리그 경기는 오버 결과가 더 많습니다.

주요 리그별 언더오버 통계

리그	오버	언더
ACL	58	67
CSL	85	75
EPL	217	238
J리그	226	224
K리그1	122	140
K리그2	84	114
MLS	211	168
UCL	83	63
UEL	121	97
U네이션	61	100
라리가	192	268
분데스리	210	162
세리에A	287	199
에레디비	166	138
일리그컵	30	38
축INTL	25	22
축월드예	43	39
프리그1	198	177
한국FA컵	8	14

(2020~2021년 5월 기준)

배당률 구간에 따른 적중 통계

　너무도 당연한 얘기지만 배당이 낮을수록 적중 확률은 높아집니다. 110페이지의 축구 일반 경기의 적중 통계를 확인해 보겠습니다. 배당 구간이 '1.0~1.19' 저배당일 때 적중 확률은 '73.1%'이고, 정배당이 1.8 배당만 넘어가도 적중 확률은 50% 미만인 '45.7%'로 내려갑니다.

　정배당이 1.8~1.99 배당 사이더라도 무승부와 역배의 조건이 남아있기 때문에 '45.7%'는 가장 적중될 비율은 높습니다. 축구는 결과가 3가지 경우인 승·무·패이기 때문에 단순히 동일하게 분배할 때 33.3%가 평균이기 때문입니다.

　2020년 축구 일반 경기의 실제 배당(베트맨 배당)별 적중 통계는 별첨으로 확인 바랍니다.

축구 일반 경기의 적중 통계

배당 구간	적중	미적중	적중률
1~1.19	304	112	73.1%
1.2~1.39	544	208	72.3%
1.4~1.59	523	324	61.7%
1.6~1.79	422	398	51.5%
1.8~1.99	414	492	45.7%
2~2.19	318	442	41.8%

(2020~2021년 5월 기준)

PART 5

스포츠토토
축구 개별팀 분석

분석 개요

두 팀 간 대결을 분석하기 위해서는 많은 데이터가 필요합니다. 예를 들어 배당 정보, 상대전적, 최근전적, 골득실점 현황, 경기 연속 기록, 결장 정보, 경기 종류(토너먼트, 리그), 홈경기 여부, 관중 입장, 심판의 성향, 경기장의 위치, 날씨 등 무수히 많은 경기 관련 데이터가 있습니다. 이중 승부에 가장 결정적인 영향을 미치는 것이 무엇일까요?

이 부분의 해답을 찾기 위해서는 통계 정보를 들여다보고 분석해야만 합니다. 토토기술사 저자의 경우 가장 기본이 되는 정보는 '배당 분석'입니다. 배당 분석을 한 뒤 나머지 경기 정보인 상대 전적, 최근 전적(5경기), 결장 정보 등을 추가 확인하고 최종 예측을 합니다.

배당은 이미 전문가들(오즈메이커)에 의해 경기 관련 모든 요소를 고려하여 측정되기 때문에 분석 시 매우 중요한 정보입니다. 그러나 앞선 통계 데이터에서 확인했듯이 정배(강팀에게 주어진 낮은 배당률)의 결과는 축구에서 52%이지만 이를 또 배당 구간으로 나눠봤을 땐 또 다른 해석을 할 수가 있습니다.

초기 배당 분석

배당 분석은 승무패에 대해 각각 주어진 배당률을 분석하는 것으로 저자의 경우 스포츠 분석의 시작점으로 활용하고 있습니다.

배당과 확률과의 관계

현재 환급률을 배당으로 나누면 확률이 나옵니다.

> 현재 환급률 ÷ 배당 = 확률

2.0 배당일 때 확률이 50%이어야 상식에 맞는 비율이지만 스포츠토토 업체의 수수료를 제외하면 1.72 배당일 때 확률

배당률표

배당	확률(%)	배당	확률(%)	배당	확률(%)	배당	확률(%)	배당	확률(%)
1.01	85.15	1.31	65.65	1.61	53.42	1.91	45.03	2.21	38.91
1.02	84.31	1.32	65.15	1.62	53.09	1.92	44.79	2.22	38.74
1.03	83.50	1.33	64.66	1.63	52.76	1.93	44.56	2.23	38.57
1.04	82.69	1.34	64.18	1.64	52.44	1.94	44.33	2.24	38.39
1.05	81.90	1.35	63.70	1.65	52.12	1.95	44.10	2.25	38.22
1.06	81.13	1.36	63.24	1.66	51.81	1.96	43.88	2.26	38.05
1.07	80.37	1.37	62.77	1.67	51.50	1.97	43.65	2.27	37.89
1.08	79.63	1.38	62.32	1.68	51.19	1.98	43.43	2.28	37.72
1.09	78.90	1.39	61.87	1.69	50.89	1.99	43.22	2.29	37.55
1.1	78.18	1.4	61.43	1.7	50.59	2	43.00	2.3	37.39
1.11	77.48	1.41	60.99	1.71	50.29	2.01	42.79	2.31	37.23
1.12	76.79	1.42	60.56	1.72	50.00	2.02	42.57	2.32	37.07
1.13	76.11	1.43	60.14	1.73	49.71	2.03	42.36	2.33	36.91
1.14	75.44	1.44	59.72	1.74	49.43	2.04	42.16	2.34	36.75
1.15	74.78	1.45	59.31	1.75	49.14	2.05	41.95	2.35	36.60
1.16	74.14	1.46	58.90	1.76	48.86	2.06	41.75	2.36	36.44
1.17	73.50	1.47	58.50	1.77	48.59	2.07	41.55	2.37	36.29
1.18	72.88	1.48	58.11	1.78	48.31	2.08	41.35	2.38	36.13
1.19	72.27	1.49	57.72	1.79	48.04	2.09	41.15	2.39	35.98
1.2	71.67	1.5	57.33	1.8	47.78	2.1	40.95	2.4	35.83
1.21	71.07	1.51	56.95	1.81	47.51	2.11	40.76	2.41	35.68
1.22	70.49	1.52	56.58	1.82	47.25	2.12	40.57	2.42	35.54
1.23	69.92	1.53	56.21	1.83	46.99	2.13	40.38	2.43	35.39
1.24	69.35	1.54	55.84	1.84	46.74	2.14	40.19	2.44	35.25
1.25	68.80	1.55	55.48	1.85	46.49	2.15	40.00	2.45	35.10
1.26	68.25	1.56	55.13	1.86	46.24	2.16	39.81	2.46	34.96
1.27	67.72	1.57	54.78	1.87	45.99	2.17	39.63	2.47	34.82
1.28	67.19	1.58	54.43	1.88	45.74	2.18	39.45	2.48	34.68
1.29	66.67	1.59	54.09	1.89	45.50	2.19	39.27	2.49	34.54
1.3	66.15	1.6	53.75	1.9	45.26	2.2	39.09	2.5	34.40

배당	확률(%)	배당	확률(%)	배당	확률(%)	배당	확률(%)
2.51	34.26	2.9	29.66	5.9	14.58	8.9	9.66
2.52	34.13	3	28.67	6	14.33	9	9.56
2.53	33.99	3.1	27.74	6.1	14.10	9.1	9.45
2.54	33.86	3.2	26.88	6.2	13.87	9.2	9.35
2.55	33.73	3.3	26.06	6.3	13.65	9.3	9.25
2.56	33.59	3.4	25.29	6.4	13.44	9.4	9.15
2.57	33.46	3.5	24.57	6.5	13.23	9.5	9.05
2.58	33.33	3.6	23.89	6.6	13.03	9.6	8.96
2.59	33.20	3.7	23.24	6.7	12.84	9.7	8.87
2.6	33.08	3.8	22.63	6.8	12.65	9.8	8.78
2.61	32.95	3.9	22.05	6.9	12.46	9.9	8.69
2.62	32.82	4	21.50	7	12.29	10	8.60
2.63	32.70	4.1	20.98	7.1	12.11	10.1	8.51
2.64	32.58	4.2	20.48	7.2	11.94	10.2	8.43
2.65	32.45	4.3	20.00	7.3	11.78	10.3	8.35
2.66	32.33	4.4	19.55	7.4	11.62	10.4	8.27
2.67	32.21	4.5	19.11	7.5	11.47	10.5	8.19
2.68	32.09	4.6	18.70	7.6	11.32	10.6	8.11
2.69	31.97	4.7	18.30	7.7	11.17	10.7	8.04
2.7	31.85	4.8	17.92	7.8	11.03	10.8	7.96
2.71	31.73	4.9	17.55	7.9	10.89	10.9	7.89
2.72	31.62	5	17.20	8	10.75	11	7.82
2.73	31.50	5.1	16.86	8.1	10.62	11.1	7.75
2.74	31.39	5.2	16.54	8.2	10.49	11.2	7.68
2.75	31.27	5.3	16.23	8.3	10.36	11.3	7.61
2.76	31.16	5.4	15.93	8.4	10.24	11.4	7.54
2.77	31.05	5.5	15.64	8.5	10.12	11.5	7.48
2.78	30.94	5.6	15.36	8.6	10.00	11.6	7.41
2.79	30.82	5.7	15.09	8.7	9.89	11.7	7.35
2.8	30.71	5.8	14.83	8.8	9.77	11.8	7.29

이 50%가 됩니다.

118페이지의 그림을 보며 실제 배당이 어떻게 이루어지는지 보도록 하겠습니다.

❶ 360번 경기 '오스틴FC'와 '콜럼크루' 경기의 배당은 '승: 2.33', '무:3.10', '패:2.60'으로 배당을 받았습니다.

❷ 366번 경기 'FC댈서스'와 '뉴잉레벌' 경기의 배당은 '승: 2.60', '무:3.25', '패:2.25'를 배당 받았습니다.

따라서 경기 예측을 오스틴FC '승', FC댈러스 '승'으로 베팅할 경우, 2.33×2.60 배당률을 곱하면 예상 적중 배당률이 6.1배가 됩니다. 이 게임에 1만 원을 구매하여 게임 결과가 오스틴FC '승', FC댈러스 '승'의 결과가 나왔다면 6만 1천 원을 환급받게 됩니다.

이런 배당은 오즈메이커가 책정을 합니다. 이것이 적정한 배당인지, 베팅을 해도 되는지는 여러 가지 정보를 분석하고 확인해 봐야 합니다.

뉴잉레벌이 FC댈서스보다 강팀으로 예측했기 때문에 뉴잉레벌이 정배를 받았지만 배당률이 적정 수준인지 또 역배나 무승부의 가능성은 없는지 다시 분석을 합니다.

토토의 경우 분석에 도움을 주는 웹사이트가 많이 있습니

2021년 프로토 50회 배당 예시

번호	마감일시	종목/대회	게임유형	홈팀 vs 원정팀	배당률선택			경기일시	장소	정보
368	결과발표	MLS	언더오버	FC댈러스 3 뉴잉레벌 U/O 2.5	U 1.85	-	O 1.68	06.28 (월) 10:00	⊙	+
❗367	결과발표	MLS	핸디캡	FC댈러스 3 : 1 뉴잉레벌 H +1.0	승 1.54 ▲	무 3.80 ▼	패 4.45 ▼	06.28 (월) 10:00	⊙	∿+
❷366	결과발표	MLS	일반	FC댈러스 2 : 1 뉴잉레벌	승 2.60	무 3.25	패 2.25	06.28 (월) 10:00	⊙	+
365	결과발표	NBA	언더오버	애틀호크 215 밀워벅스 U/O 224.5	U 1.76	-	O 1.76	06.28 (월) 09:30	⊙	+
❗364	결과발표	NBA	핸디캡	애틀호크 107.5 : 113 밀워벅스 H +5.5 ⬧	승 1.77	-	패 1.75	06.28 (월) 09:30	⊙	∿+
363	결과발표	NBA	일반	애틀호크 102 : 113 밀워벅스	승 2.40	-	패 1.39	06.28 (월) 09:30	⊙	+
362	결과발표	MLS	언더오버	오스틴FC 0 콜럼크루 U/O 2.5	U 1.71	-	O 1.81	06.28 (월) 09:00	⊙	+
361	결과발표	MLS	핸디캡	오스틴FC -1 : 0 콜럼크루 H -1.0	승 4.75	무 3.85	패 1.50	06.28 (월) 09:00	⊙	+
❶ ❗360	결과발표	MLS	일반	오스틴FC 0 : 0 콜럼크루	승 2.33 ▲	무 3.10 ▼	패 2.60 ▼	06.28 (월) 09:00	⊙	∿+
359	결과발표	MLB	언더오버	LA다저스 8 시카컵스 U/O 8.5	U 1.68	-	O 1.85	06.28 (월) 08:08	⊙	+
358	결과발표	MLB	핸디캡	LA다저스 5.5 : 1 시카컵스 H -1.5	승 1.75	-	패 1.77	06.28 (월) 08:08	⊙	+
357	결과발표	MLB	일반	LA다저스 7 : 1 시카컵스	승 1.38	-	패 2.43	06.28 (월) 08:08	⊙	+
356	결과발표	MLS	언더오버	뉴욕시티 3 DC유나이 U/O 2.5	U 1.96	-	O 1.60	06.28 (월) 07:00	★	+
355	결과발표	MLS	핸디캡	뉴욕시티 1 : 1 DC유나이 H -1.0	승 2.40	무 3.50	패 2.30	06.28 (월) 07:00	★	+
354	결과발표	MLS	일반	뉴욕시티 2 : 1 DC유나이	승 1.45	무 3.95	패 5.20	06.28 (월) 07:00	★	+
353	결과발표	코파아메	언더오버	베네수엘 1 페루 U/O 2.5	U 1.44	-	O 2.26	06.28 (월) 06:00	★	+
352	결과발표	코파아메	핸디캡	베네수엘 1 : 1 페루 H +1.0	승 1.53	무 3.60	패 4.90	06.28 (월) 06:00	⊙	+
❗351	결과발표	코파아메	일반	베네수엘 0 : 1 페루	승 3.10 ▲	무 2.80 ▼	패 2.19 ▲	06.28 (월) 06:00	⊙	∿+
350	결과발표	코파아메	언더오버	브라질 2 에콰도르 U/O 2.5	U 1.90	-	O 1.64	06.28 (월) 06:00	⊙	+

상대전적	최근전적	기록통계	선수기록	배당정보	와이즈센터	리그순위

5경기	10경기	20경기	시즌전체

◉ 전체　○ 미국 메이저리그 사커　　　　　　　　　　　　　　　　　□ 홈/원정 동일

전적 통계

80%
4승/5경기

20%
1무/5경기

0%
0패/5경기

FC 댈러스　　　　　　　　　　　　　　　**뉴잉글랜드 레볼루션**

FC 댈러스		전체 (득/실)		뉴잉글랜드 레볼루션
2.2 평균 득점	11득점 / 5경기		4득점 / 5경기	0.8 평균 득점
0.8 평균 실점	4실점 / 5경기		11실점 / 5경기	2.2 평균 실점

		홈 (득/실)		
2 평균 득점	6득점 / 3경기		2득점 / 2경기	1 평균 득점
0.7 평균 실점	2실점 / 3경기		5실점 / 2경기	2.5 평균 실점

		원정 (득/실)		
2.5 평균 득점	5득점 / 2경기		2득점 / 3경기	0.7 평균 득점
1 평균 실점	2실점 / 2경기		6실점 / 3경기	2 평균 실점

40%	2경기 / 5경기	무실점	0경기 / 5경기	0%
0%	0경기 / 5경기	무득점	2경기 / 5경기	40%

		최대 (득/실)		
4득점				2득점
2실점				4실점

		전체						홈						원정					
순위	팀	경기	승	무	패	득점	실점	연속	경기	승	무	패	득점	실점	연속	경기	승	무	패	득점	실점	연속
10	FC댈러스	5	4	1	0	11	4	1무	3	2	1	0	6	2	1무	2	2	0	0	5	2	2승
1	뉴잉레벌	5	0	1	4	4	11	1무	2	0	0	2	2	5	2패	3	0	1	2	2	6	1무

다. 독자 여러분들은 각자 이용하시는 사이트가 있으면 그것을 활용하면 됩니다. 여기서는 119페이지의 와이즈토토를 통해 경기 데이터를 보도록 하겠습니다.

와이즈 토토의 경우 상대 전적, 최근 전적, 기록 통계, 라인업, 배당 정보 등 경기 정보를 보여주고 있습니다. 최근 전적도 5경기, 10경기, 20경기, 시즌 전체를 동해 기간별로 통계를 보여주며 평균 득점, 평균 실점에 대해서도 홈·원정 구분하여 통계를 보여줍니다.

평균 득점과 평균 실점에서는 정배를 받은 뉴잉레벌이 FC 댈서스보다 더 좋습니다. 평균 득점, 평균 실점 측면에서도 뉴잉레벌이 우세합니다.

배당 변경(흐름) 분석

　배당 정보에서 또 중요한 것이 배당 변경의 여부입니다. 저자의 경우는 122페이지의 그림 토토캔(유료)과 124페이지 하단의 하단 그림과 같은 벳인포 사이트를 통해 배당 변경의 흐름을 파악합니다. 배당 변경은 해외 배당을 기준으로 점검합니다.

　저자의 경험으로 볼 때 국내 배당은 대부분 해외 배당에 기초하여 배당이 이뤄지기 때문에 해외 배당 흐름과 변경 파악이 더욱 중요합니다.

　토토캔은 일자별 배당 변경 흐름을 확인하는데 유용하고 벳인포는 시간별 배당 변경 흐름을 보는데 적합합니다. 경기 시작 몇 시간 전에 배당 변경을 확인할 때는 벳인포를 통해

토토캔 국내, 해외 배당 변화 예시

106 맨체스U 1 : 2 레스터
2021.05.12(수) 02:00 [올드트래포드]

국내배당			
2.22	3.10	2.65	초기배당
2.17♦	3.15♠	2.70♠	11(화) 16시 43분

해외배당				
승	무	패	시간	업체
2.20	3.33	3.41	08(토) 12:09	42
2.26♦	3.32♦	3.30♦	09(일) 05:58	42
2.32♦	3.28♦	3.23♦	09(일) 08:45	42
2.41♦	3.25♦	3.14♦	09(일) 21:15	44
2.47♦	3.25	3.02♦	09(일) 21:45	44
2.54♦	3.22♦	2.95♦	10(월) 02:27	45
2.47♦	3.30♦	3.02♦	10(월) 21:46	44
2.52♦	3.36♦	2.91♦	11(화) 15:49	45
2.59♦	3.36	2.82♦	11(화) 20:33	45
2.67♦	3.36	2.73♦	11(화) 20:50	45
2.75♦	3.36	2.66♦	11(화) 21:23	46
2.82♦	3.38♦	2.57♦	11(화) 21:47	46
2.90♦	3.43♦	2.49♦	11(화) 23:17	45
3.02♦	3.45♦	2.40♦	11(화) 23:24	45
3.12♦	3.46♦	2.33♦	11(화) 23:32	45
3.22♦	3.49♦	2.27♦	11(화) 23:48	45
3.35♠	3.54♦	2.19♦	12(수) 00:14	45
3.46♠	3.55♦	2.14♦	12(수) 01:15	45
3.62♠	3.56♦	2.09♦	12(수) 01:26	44
3.68	3.56	2.06	12(수) 02:00	44

예상	윈드로윈	프리딕츠	포어벳	S비스타	비티벳
	2-2 무	3-2 승	2-1 승	2-1 승	2-1 승

확인하는 방법도 좋은 방법입니다. 일자별(거시적)으로 볼 때는 토토캔을 보고 경기 시작 전 몇 시간이내일 때 변경은 벳인포를 통해 확인합니다.

124페이지 하단 그림 벳인포의 사례는 맨체스터 U와 레스터의 경기(2021년 5월 12일)에서 맨체스터 U가 정배였다가 배당이 급변하여 레스터가 정배로 변경되는 사례입니다. 실제 경기 결과도 1:2로 나오면서 레스터의 승리로 마무리되었습니다.

이는 분명 해당 팀의 전력에 어떠한 변화가 있다는 것입니다. 대표적인 예가 주전급 선수가 갑자기 결장된다고 하면 전력이 약화되어 배당이 변하는 것입니다.

바르셀로나의 메시나 유벤투스의 호날두가 출전 예정이었다가 갑자기 빠지게 된다면 여러분의 베팅하실 때 기존과 동일한 생각으로 베팅하진 않을 겁니다.

배당 급변 사례

이렇게 배당이 급변하는 경우는 베팅 시 주의하여야 합니다. 베팅은 최대한 마감 시간 전까지 배당 변화를 체크하면

베트맨 사이트 국내배당 확인

번호	마감일시	종목/대회	게임유형	홈팀 vs 원정팀		배당률선택		경기일시	장소	정보
102	결과발표	⚽ K리그1	언더오버	인천유나 **2** 포항스틸 U/O 2.5	U 1.64	-	O 1.85	05.11 (화) 19:30	⊙	+
❗103	결과발표	⚽ K리그1	일반	수원FC **2 : 1** 광주FC	승 2.10 ▲	무 3.05 ▼	패 2.90 ▼	05.11 (화) 19:30	⊙	+
104	결과발표	⚽ K리그1	핸디캡	수원FC **1 : 1** 광주FC H-1.0	승 4.20	무 3.50	패 1.60	05.11 (화) 19:30	⊙	+
105	결과발표	⚽ K리그1	언더오버	수원FC **3** 광주FC U/O 2.5	U 1.58	-	O 1.94	05.11 (화) 19:30	⊙	+
❗106	결과발표	⚽ EPL	일반	맨체스U **1 : 2** 레스터	승 2.17 ▼	무 3.15 ▲	패 2.70 ▲	05.12 (수) 02:00	⊙	+
❗107	결과발표	⚽ EPL	핸디캡	맨체스U **0 : 2** 레스터 H-1.0	승 4.55 ▼	무 3.80 ▼	패 1.50 ▲	05.12 (수) 02:00	⊙	+
108	결과발표	⚽ EPL	언더오버	맨체스U **3** 레스터 U/O 2.5	U 1.62	-	O 1.88	05.12 (수) 02:00	⊙	+
109	결과발표	⚽ 라리가	일반	오사수나 **3 : 2** 카디스	승 1.95	무 2.95	패 3.35	05.12 (수) 02:00	⊙	+

벳인포의 맨체스터 U와레스터의 배당 변경 사례

최근경기결과 | 상대전적 | 홈승무동일배당결과 | **해외배당흐름**

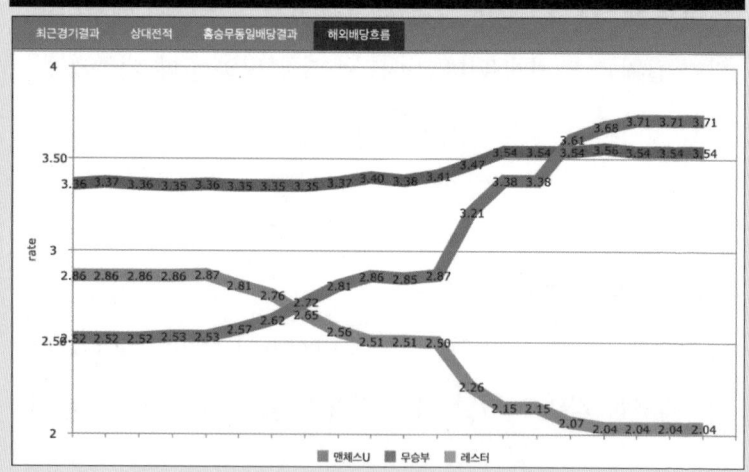

서 해야 되는 이유가 여기에 있습니다.

124페이지 상단 그림 ❶을 보면 국내 배당(베트맨)은 여전히 맨체스터 U가 정배이고 오히려 배당이 더 낮아졌습니다만 해외 배당은 역전이 되면서 맨체스터 U가 역배 배당으로 변경되었습니다. 그리고 122페이지 그림의 ❶을 보면 해외 베팅업체 5곳의 경기 결과를 예측하는 것을 확인할 수 있습니다.

이 그림을 참고로 무승부 예측과 실제 결과와의 데이터를 확인해 봤습니다. (2021년 5월 프로토 52경기) 하지만 여기에서 실제 경기에서 무승부의 결과가 나왔을 때 해외 베팅업체들이 무승부를 예측한 것이 하나라도 있어 예측 성공이라고 하였을 경우, 적중률은 67.3% 였습니다. 따라서 배당 분석기법 중 동일 배당을 받은 경기가 어떤 결과였는지를 가지고 예측하는 방법도 있으나 통계적으로는 동일한 결과가 나오는 것이 검증되지는 않았습니다.

저자의 경우는 유사 배당 범위 + ― 0.1 구간을 검색하여 확률을 계산하여 최종 예측에 참고 데이터로 활용하고 있습니다. 통계적으로 배당이 정배일 때 즉 낮은 배당을 받았을 때 실제 결과가 정배 결과로 나올 확률이 약간 높은 것입니다. 이는 경기유형별로 다릅니다.

상대전적 분석

상대 전적은 배당 다음으로 중요한 경기 정보입니다.

상대 전적에서 우세한 팀이 다음 경우도 우세한 경우가 많습니다. 다만 여기서 주의해야 할 점은 너무 오래된 데이터는 경기 예측 시 사용하지 않는 것이 좋습니다.

필자의 경우 최근 1년간 상대 전적만을 확인하여 경기 예측에 사용합니다.

최근 1년 이상 된 이전의 데이터를 사용하지 않는 이유는 그동안 선수 또는 감독 등이 바뀌거나 팀 전술, 팀 분위기가 변경되었는데도 이전 경기 결과를 예측에 사용하게 되면 예측에 실패할 확률이 높아집니다. 따라서 오래전 데이터는 시간이 지남에 따라 효용가치가 사라집니다.

최근 전적 및 득실점, 연속 기록

득실점

최근 5경기 득실점을 통해 U·O의 예측을 합니다. 상대팀이 득점력이 있는지 또한 실점이 큰지를 양 팀 비교 분석을 통해 U·O를 예측합니다.

만약 홈팀의 5경기 평균 득점력이 3점이고, 원정팀 5경기 평균 실점이 2.0이라면 홈팀이 공격에 강하고 원정팀은 수비가 약하므로 많은 득점이 예상되어 오버로 예측한다는 것입니다.

당연히 언더오버의 기준점이 2.5이냐 또는 3.5이냐에 따라서 언·오버 예측이 달라질 수도 있습니다.

연속 기록

연속 기록은 한 팀의 연패, 연승, 연속 무승부의 기록으로 예를 들어 만약 전북현대 팀의 최대 연패 기록이 7연패인데 최근 기록이 7연패라면 8연패로 갈 것인지, 다른 결과가 나올 것인지 더욱 세밀하게 분석해야 합니다.

연속 기록을 깰 것인가, 아니면 깨지 못할 것인가는 상대 팀과의 전력 차이 및 감독의 선수 기용(선발), 전술까지 고려하여 분석합니다.

PART 6

토토기술사 분석기법

토토기술사의 자체 분석 시스템(토토고)

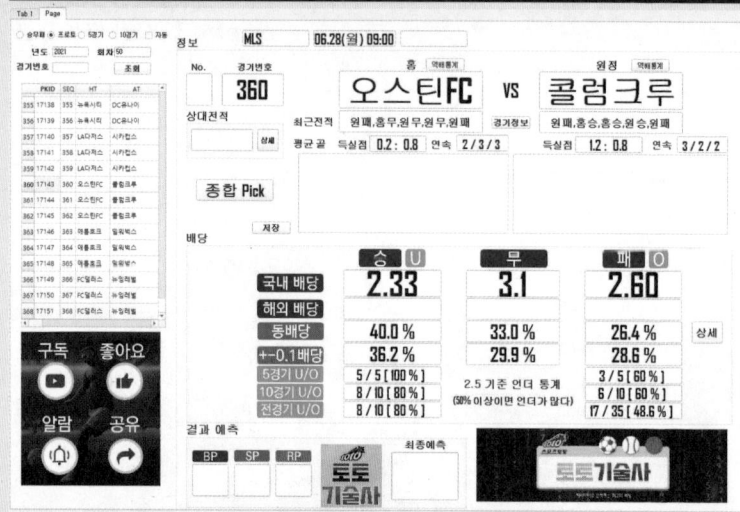

토토기술사의 알고리즘 점수 산정 컨셉

토토기술사 알고리즘

승부식(프로토) 분석

필자의 경우 가장 먼저 일반 경기부터 분석하고 → U·O → 핸디캡 경기 순으로 분석을 합니다. 일반 경기의 승무패와 예상 점수 그리고 예상 점수에 따른 U·O가 예측되면 그 점수 기준에 따라 핸디캡 경기를 마지막으로 예측합니다.

일반 경기를 예측하기 위해서 토토기술사만의 알고리즘을 적용하였는데 이는 배당, 상대 전적, 최근 전적, 골득실점, 홈경기 여부, 결장 여부 등의 경기 요소를 가지고 승, 무, 패 각각에 대해 점수로 재산정하는 로직입니다.

필자가 운영 중인 유튜브에서 토오픽이란 주제로 매일 방송하고 있는데 각 요소마다 조정지수가 있고, 경기 결과가 나올 때 적중 확률을 높이기 위한 조정 작업을 하고 있습니다.

토토기술사의 예측 사례

    토토기술사는 매일 방송하는 프로토 예측(토오픽) 방송을 통해 배당, 리그 순위, 해외 베팅업체 예측, 해외 구매율, 배당 흐름, 결장 정보(주력 선수에 대해 참고)와 알고리즘 점수를 모두 분석하여 일반 경기, 핸디캡, 언더오버 경기를 예측합니다.

    개별 경기 분석도 중요하지만 조합을 어떻게 하느냐에 따라 실제 적중 여부가 결정되기 때문에 경기 조합이 더욱 중요합니다. 조합 수도 로또폴을 제외하고 4폴더 이내로 하는 것이 적정합니다. 조합 전략은 뒤에서 자세히 설명하겠습니다.

토토기술사 승무패 조합기

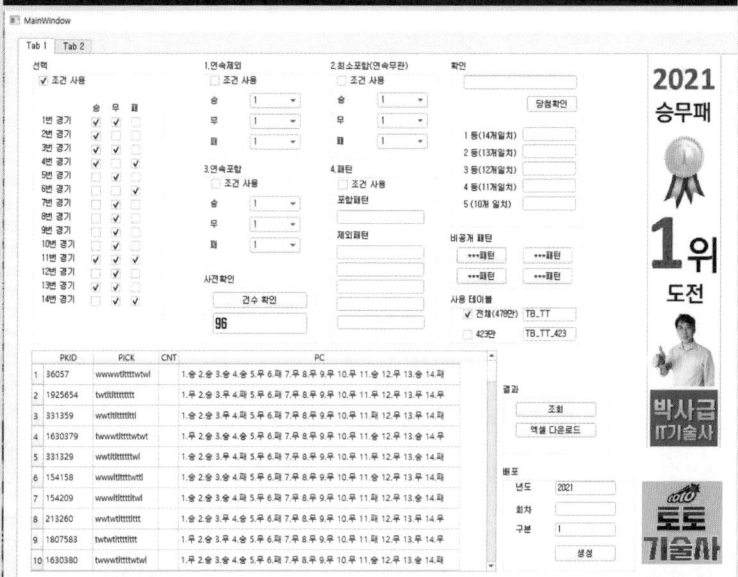

토토기술사 알고리즘 점수 기반 경기 예측 사례

경기번호	홈	원정	배당			토토기술사 Pick				홈률(%)			고배당	
			승	무	패	일반	핸디캡	U/O		토토기술사 알고리즘 점수			점수(배당제외)	
118	C오사카	FC도쿄	2.39	3	2.6	패	패(H -1)	O	3:03	7.69	7.17	7.62	6.2	5.5	9.6
121	G오사카	비셀고베	2.7	3.1	2.26	승	승(H +1)	O	1:02	8.25	5.61	7.41	8.8	3.5	8.1
130	광주FC	강원FC	2.6	2.95	2.42	무	승(H -1)	U	3:01	3.32	6.69	3.87	1.8	5.5	5.3
145	PSV	갈라타사	1.62	3.55	4.2	승	무(H -1)	U	5:01	9.59	4.91	5.59	6	3	4
166	콜럼크루	내슈빌SC	2.19	3.1	2.8	무	패(H -1)	U	0:00	5.28	8.11	4.39	3.5	6.5	4.4
169	인터마이	뉴잉레벌	2.8	3.4	2.06	패	패(H -1)	O	0:05	2.39	2.47	3.33	-0.8	1.5	2
172	뉴욕시티	CF몽레알	1.35	4.15	6.5	승	승(H -1)	O	1:00	7.5	2.7	4.77	2.6	2	5.7
175	토론토FC	뉴욕레드	2	3.5	2.85	패	패(H -1)	U	1:01	3.9	4.93	5.05	-0.7	4.5	6.3
178	시카파이	DC유나이	1.83	3.5	3.3	패	패(H -1)	O	2:02	8.23	3.93	6.92	5.5	2.5	7.5
181	FC신시내	애틀유나	2	3.25	3.05	승	승(H -1)	O	1:01	8.9	6.04	5.54	6.8	4	4
193	스포캔자	새너어스	1.34	4.4	6.1	승	승(H -1)	O	1:01	11.53	5.14	4.82	8.1	5	2.2
196	콜로래피	FC댈러스	1.52	3.9	4.5	승	승(H -1)	O		9.69	5.78	5.21	6.8	5	4.4
199	레알솔트	LA갤럭시	1.7	3.6	3.7	패	패(H -1)	U		7.14	3.39	4.65	4.9	2	5.3
205	포틀팀버	LAFC	3	3.45	1.95	패	무(H +1)	U		5.77	4.95	7.46	2.7	6.5	7

확신픽 분석

스포츠 경기에서 100% 정답은 없습니다. 다만 확률이 높은 경기들을 선별하는 분석법을 소개하겠습니다. 확신픽은 토토기술사의 알고리즘에서 나온 예측 결과와 해외 베팅업체가 예측한 결과가 모두 일치할 때 대상으로 선정합니다.

확신픽의 경우도 알고리즘 점수차가 5점 이상일 경우는 확신픽 상, 5점 이하일 경우는 확신픽 하로 분류하여 정보를 제공하고 있습니다.

135페이지의 상단의 예측정보는 토토기술사만의 알고리즘으로 나온 승점수, 무점수, 패점수 예시입니다. 알고리즘 점수도 승점수가 가장 높게 나와서 최종 리버풀 승으로 예측한 것입니다. 확신픽 적중 확률은 73% 정도입니다. 확신픽

경기번호	홈	완정	배당			베팅업체	승점수	무점수	패점수	토토기술사 Pick		
			승	무	패					일반	팀순위	상대전적(1년)
8	리버풀	사우샘프	1.3	5.84	9.64	승(5) ⓣ	8.15	6.36	2.12	승	7위 vs 15위	1승1패

해외 베팅업체의 예측 사례(리버풀 vs 사우샘프)

273 🔴리버풀 **2 : 0** 사우샘프🛡

2021.05.09(일) 04:15 [앤필드]

국내배당				
1.18	5.30	8.80	초기배당	

해외배당				
승	무	패	시간	업체
1.30	5.77	9.53	05(수) 11:49	47
1.29 ↓	6.07 ↓	9.87 ↓	08(토) 19:11	47
1.31 ↑	5.90 ↓	9.37 ↓	08(토) 21:27	46
1.31	5.91	9.31	09(일) 04:13	45

예상	윈드로윈	프리딕츠	포어벳	S비스타	비티벳
	2-0 승	2-0 승	3-1 승	3-0 승	2-1 승

❶

이기 때문에 전부 배당이 상대적으로 적습니다.

135페이지의 하단의 그림은 리버풀과 사우샘프 경기 예측 정보입니다. 그림의 ❶번은 해외 베팅업체 5곳 모두 리버풀의 승을 예측한 경우입니다. 리버풀이 1.3배당으로 정배를 받은 경기입니다.

확신픽 예측이 틀리는 27%에는 여러 가지 사유가 있지만 전혀 예측할 수 없는 요소들이 있습니다. 경기 중 승리 예상 팀에서의 선수 퇴장의 경우가 대표적인 사례이나 이는 사전에 예측할 수 없는 요소입니다. 따라서 분석만으로 100% 적중할 수 없습니다. 그렇다고 무조건 운에 따라 베팅할 수노 없습니다.

확신픽이더라도 의심해야 하는 경우도 있습니다. 컵대회에서 이미 다음 라운드에 진출한 경우는 로테이션(주전선수는 쉬게 하고 다른 선수 출전)하는 경우가 있고, 또한 주전선수가 경기를 임하는 자세가 평소보다는 낮은 경우도 있기 때문에 주관적인 판단을 추가해서 분석해야 합니다. 또 강등권에 있는 팀들이 강등권 탈출을 위해 평소 실력보다 더 좋은 경기 결과를 나타내는 경우도 있는데 소위 강등 버프라고 합니다.

이렇게 스포츠는 경기에 미치는 영향이 앞서 설명한 기본 요소 이외에도 많은 요소가 있습니다. 현재는 코로나로 인한 무관중 경기가 많아 홈팀 이점도 많이 약화되었다고 볼 수 있습니다. 따라서 경기 분석 시 자신만의 기준이 있어야 하고 그 기준을 가지고 베팅을 하여야 합니다.

누군가에게 도움을 받을 수는 있지만 결국 베팅의 책임은 어디까지나 베팅하는 사람이 최종 책임을 집니다.

리그 일정 분석

경기를 분석할 때 일정도 무척 중요한 요소입니다. 하지만 리그 초반이라면 아직 각 팀의 경기력 등이 분석되지 않았기 때문에 지난 리그의 경기 결과로 예측할 수밖에 없습니다.

리그 초반이 지나고 후반으로 갈수록 팀의 순위가 정해지고 상위 팀, 중위 팀, 하위 팀이 그룹화되면서 분석력이 높아집니다. 또 리그 후반 막바지에 이르게 되면 상위 리그 출전이나 하위 리그 강등이 경기력에 큰 영향을 미칩니다.

예를 들어 리그 후반 중위권 팀과 강등권 팀이 경기를 하는데 경기 결과에 따라 하위 팀이 강등이 확정되는 상황이고 중위권 팀은 어떤 결과가 나와도 상위 리그 진출이나 강등권과 상관이 없다면 여러분은 어디에 베팅하실 건가요?

실제 상대 전력이 약한데 하위권 팀이 정배를 받는 경우도 많이 있습니다. 이런 상황을 강등 버프라고 하는데 이것도 경기를 분석할 때 매우 중요한 정보입니다. 선수들의 의지력이 결정되는 요소이기 때문이죠. 이번 경기에서 지면 2부 리그로 떨어진다고 하면 죽을힘을 다해 경기에 임하는 것은 당연한 것이니까요.

또한 컵대회가 리그 중간에 끼는 경우가 많이 있습니다. 만약 컵대회의 순위에 따라서 로테이션 가능성이 있기 때문에 이런 요소까지 분석해야 합니다. 컵대회에서 상위권 출전이 좌절된 팀이 리그에서 중요한 경기를 앞두고 있다면 컵대회에서는 주력 선수를 투입하지 않고 부주력 선수를 출전시키는 경우가 많습니다.

이처럼 리그 일정에 따라 경기 결과에 영향을 미치는 요소가 너무나 많습니다. 분석만으로 100% 맞출 수는 없지만 적중 확률을 높인다면 안 하면 안 되겠죠?

승무패 패턴 분석

　승무패 분석은 기본적으로 경기 전력과 배당을 통해 분석하는 방법(프로토 예측 방식과 동일), 승무패 경기만의 구성 특징에서 나오는 통계분석으로 나뉩니다.

　앞서 설명드린 대로 축구 승무패 게임의 경우 1~14번까지 경기 결과를 모두 맞추는 게임입니다. 축구 승무패의 누적 통계를 분석해보면 승무패의 통계가 적정 비율로 구성되어 있음을 확인할 수 있습니다. 여기에서 통계적인 패턴을 분석하는 방법이 승무패 패턴 분석입니다.

　여기에서 통계적으로 확인해 볼 수 있는 것은 1번 경기의 패턴(흐름) 즉, 세로 라인의 패턴과 회차별 패턴(가로 라인)을 분석해 볼 수 있습니다.

2021년 승무패 통계

회차	1번	2번	3번	4번	5번	6번	7번	8번	9번	10번	11번	12번	13번	14번
18	패	무	승	무	패	승	무	승	승	무	무	무	패	승
17	무	패	무	무	무	무	무	무	패	패	패	승	승	승
16	패	승	패	무	패	승	승	패	무	패	무	승	무	패
15	승	패	패	패	승	승	승	패	승	승	무	무	패	패
14	승	패	승	패	무	패	승	승	패	승	패	무	패	무
13	승	패	무	승	승	승	무	패	승	승	승	승	무	무
12	패	패	패	패	승	승	무	승	패	승	승	승	승	무
11	무	무	무	패	무	무	승	승	패	승	무	승	승	패
10	무	패	무	패	무	승	무	무	패	무	무	승	패	승
9	무	패	승	패	승	승	승	패	승	승	패	무	승	승
8	승	무	무	무	패	패	승	승	패	승	무	패	승	패
7	승	패	패	승	패	승	패	무	무	패	승	승	승	무
6	패	무	무	무	무	승	승	무	패	승	승	무	무	패
5	무	승	승	승	패	무	패	승	승	패	무	취소	승	패
4	무	패	승	승	무	무	패	승	승	패	패	승	승	승
3	승	무	무	무	무	승	무	무	승	승	승	승	무	승
2	승	승	무	승	패	취소	패	패	승	패	승	승	취소	패
1	승	패	승	패	패	무	패	승	패	승	승	패	승	무

141페이지의 표에서 보듯이 1~14번 경기가 모두 '승'이거나 '무' 또는 '패'로 이루어진 경기는 없습니다. 절대 불가능한 경우의 수는 아니지만 경기 결과가 모두 같은 회차는 없습니다. 그래서 승무패의 비율이 적정한지 통계를 확인해보면서 예측을 하여야 합니다. 표를 보면 2020년부터 2021년 5월(18회차)까지 평균을 보면 '승:5. 4 경기', '무:3.8 경기', '패:4.7 경기'의 통계입니다.

17회차 3번 경기부터 8번 경기까지 6연속 무승부 결과가 나왔는데 이는 2020~2021년 5월까지 통계에서 최초로 나온 통계입니다. 이 얘기는 이렇게 연속 같은 결과가 나오는 경우도 통계적으로 어렵다는 얘기입니다.

우리는 이런 통계를 통해 승무패 조합을 할 경우 연속으로 동일한 경기 결과를 예측할 때는 적정 수준을 알고 있어야 합니다.

구분	최대 연속 기록	발생 건수 대비 전체 건수
승	5연속	3 / 74
무	6연속	1 / 74
패	6연속	1 / 74

이와 같이 연속 기록을 보면 얼마나 나오기 어려운 확률인지 확인할 수 있습니다.

조금 특이한 통계 중 토토기술사 유튜브 구독자님이 알려준 통계가 있는데 2021년 승무패의 통계 중 첫 번째 경기(1번)와 마지막 경기(14번)의 경기 결과가 불일치하는 확률이 높다는 점입니다. 일반적인 통계로는 33%(18회 중 6~7회)가 예상 평균 결과인데 단 3회만 동일한 결과가 나왔습니다. 다만 2020년까지 범위를 넓혀서 통계를 확인해보니 평균 수치로 분산되었습니다.

144페이지의 표는 정배, 역배, 무승부 기준으로 2021년 승무패 경기 통계입니다. 정무역 통계도 회차별(가로 패턴), 게임 번호별(세로 패턴)로 통계 분석이 가능합니다. 회차별 분석 시 14경기 모두 정배이거나 무승부 또는 역배가 나온 경우는 없습니다.

구분	승	무	패
평균결과	5.4	3.8	4.7

2020년부터 2021년 5월(18회차)까지 평균을 보면 '정

2021년 승무패 경기 통계(정배, 역배, 무승부 기준)

회차	1번	2번	3번	4번	5번	6번	7번	8번	9번	10번	11번	12번	13번	14번
18	정	무	정	**무**	정	정	무	역	정	무	무	무	정	역
17	무	정	무	**무**	무	무	무	무	정	역	정	정	정	역
16	역	정	역	**무**	역	정	정	**역**	무	정	무	정	무	역
15	역	정	역	정	역	정	정	**역**	정	정	무	무	무	정
14	정	역	정	역	무	역	역	**역**	정	정	역	무	역	무
13	정	정	무	정	정	정	무	**역**	정	정	정	정	무	무
12	정	정	역	역	정	정	무	**역**	정	정	역	정	정	무
11	무	무	무	정	무	무	정	**역**	역	역	무	정	정	정
10	무	정	무	정	무	정	무	무	역	무	무	역	정	정
9	무	정	역	정	역	역	역	정	정	**정**	정	무	정	정
8	정	무	무	무	정	역	정	정	역	**정**	역	정	정	정
7	역	역	역	역	정	정	정	무	무	**정**	정	정	정	무
6	정	무	무	무	무	정	정	무	정	**정**	정	무	무	역
5	무	정	역	역	정	무	역	정	정	**정**	무	취소	정	정
4	무	정	정	정	무	무	정	정	정	**정**	역	정	정	정
3	정	무	무	무	무	정	무	무	정	**정**	역	정	무	정
2	정	정	무	역	정	역	정	역	정	**정**	정	역	역	역
1	정	역	역	역	정	무	역	정	정	**정**	정	정	정	무

배:6.2 경기', '무:3.8 경기', '역배:4 경기'의 통계입니다. 이를 통해서 승(홈팀)의 평균이 패보다 약간 우세한 것을 확인할 수 있습니다. 이와 같은 통계를 확인하고 승무패 조합을 선택한다면 적중 확률을 높일 수 있습니다. 축구 승무패 경기에 베팅할 때 본인이 선택한 예측 결과가 평균의 범위를 크게 벗어났는지 점검해 보면서 베팅하길 바랍니다.

구분	정배	무승부	역배
평균결과	6.2	3.8	4

이것 또한 정배가 역배보다 2.2건 평균이 높은 것을 확인할 수 있습니다. 이런 통계와 패턴을 알고 있다면 승무패 14경기를 모두 정배로만 선택하면 안 되는 이유를 통계로도 확인할 수 있습니다. 또한 무승부가 가장 많았던 경우도 최대 7경기였습니다. 그럼 무승부도 단식으로 베팅한다면 7개를 초과하여 베팅하는 것은 지양해야 합니다.

이러한 통계는 토토기술사 사이트(http:··totodata.cafe24.com)에서도 확인해 보실 수 있습니다.

분석의 한계(이변)

앞에서 언급한 모든 경기 요소를 분석하더라도 경기 중에 발생하는 특정 상황으로 경기 결과가 예측과는 완전히 반대로 가는 경우도 가끔 발생합니다.

대표적인 예는 경기 초반 선수 퇴장과 같은 경우는 아무리 강팀이더라도 선수 한 명이 부족한 상황이면 경기 전력에 심각한 영향을 끼칩니다. 그 외에 페널티킥 실축 같은 경우는 많이 발생하는 일로 이변이라고 볼 수 없는 경우도 있습니다. 자신이 베팅한 팀이 페널티킥을 실축한다면 화가나긴 하지만 이 또한 스포츠 경기의 일부분임을 인정하여야 합니다.

스포츠토토를 오랫동안 즐기기 위해서는 이러한 스포츠의

이변을 항상 생각하고 소액을 베팅하여 적중 실패를 하더라도 심리적으로 위축되거나 생활에 지장이 될 정도로 경제적 손해가 아니어야 합니다. 이는 매우 중요한 사항입니다.

심리적으로 안정된 상황에서 취미로 베팅을 할 때 분석도 냉철하게 할 수 있기 때문입니다.

| 토토기술사 통계사이트 |

totodata.cafe24.com

토토기술사 통계사이트에 가입하시면 각종 통계데이터들의 확인이 가능합니다. 이를 통해 회차별 분석, 경기번호대별 분석, 승무패 건수, 정무역 건수, 연속 패턴 등을 확인하면 됩니다.

PART 7

스포츠토토 실전 베팅

무세금 배당

배당이 100배 이하이면서 당첨금이 200만 원 이하일 경우 세금이 부과되지 않습니다. 따라서 이에 맞게 경기를 조합하고 베팅 금액을 선정하는 것이 좋습니다.

배당률이 95.4배(100배 이하)에 예상 적중 금액이 약 190만 원(200만 원 이하)인 경우 적중되었을 시 세금이 부과되지 않습니다.

이런 기준을 몰랐다면 경기를 더 추가해서 배당률은 올라가지만 당첨되더라도 세금으로 인해 오히려 적중금이 낮아지는 경우도 발생합니다.

무세금 베팅 예시

대상경기의 승/무/패, U/O 결과를 선택해 주세요.   자동선택 ▼ 무늬 ↻

번호	마감일시	종목/대회	게임유형	홈팀 vs 원정팀		배당률선택		경기일시	장소	정보
71	08.03 (화) 20:50 마감	남농올림	일반	호주M : 아르헨M	승 1.17	-	패 3.55	08.03 (화) 21:00	◉	+
! 72	08.03 (화) 20:50 마감	남농올림	핸디캡	호주M : 아르헨M H -9.5 ◈	승 1.76	-	패 1.76	08.03 (화) 21:00	◉	⌃⌄+
73	08.03 (화) 20:50 마감	남농올림	언더오버	호주M : 아르헨M U/O 170.5	U 1.75	-	O 1.77	08.03 (화) 21:00	◉	+
! 74	08.03 (화) 21:20 마감	남배올림	일반	폴란드M : 프랑스M	승 1.24 ▼	-	패 3.03 ▲	08.03 (화) 21:30	◉	⌃⌄+
! 75	08.03 (화) 21:20 마감	남배올림	핸디캡	폴란드M : 프랑스M H -1.5	승 1.63 ▼	-	패 1.91 ▲	08.03 (화) 21:30	◉	⌃⌄+
! 76	08.03 (화) 21:20 마감	남배올림	언더오버	폴란드M : 프랑스M U/O 183.5	U 1.87 ▲	-	O 1.66 ▲	08.03 (화) 21:30	◉	⌃⌄+
! 77	08.03 (화) 21:50 마감	UCL	일반	스파프라 : 모나코	승 3.90 ▼	무 3.55	패 1.67 ▼	08.04 (수) 02:00	◉	⌃⌄+
! 78	08.03 (화) 21:50 마감	UCL	핸디캡	스파프라 : 모나코 H +1.0	승 1.89 ▲	무 3.40	패 3.20 ▲	08.04 (수) 02:00	◉	⌃⌄+
! 79	08.03 (화) 21:50 마감	UCL	언더오버	스파프라 : 모나코 U/O 2.5	U 1.89 ▲	-	O 1.65 ▲	08.04 (수) 02:00	◉	⌃⌄+
! 80	08.03 (화) 21:50 마감	UCL	일반	KRC뱅크 : SH도네츠	승 2.45 ▼	무 3.30 ▲	패 2.35 ▲	08.04 (수) 03:00	◉	⌃⌄+
! 81	08.03 (화) 21:50 마감	UCL	핸디캡	KRC뱅크 : SH도네츠 H +1.0	승 1.45 ▼	무 4.10 ▲	패 4.95 ▲	08.04 (수) 03:00	◉	⌃⌄+
! 82	08.03 (화) 21:50 마감	UCL	언더오버	KRC뱅크 : SH도네츠 U/O 2.5	U 1.90 ▼	-	O 1.64 ▼	08.04 (수) 03:00	◉	⌃⌄+
! 83	08.03 (화) 21:50 마감	UCL	일반	PSV : 미트힐란	승 1.20 ▼	무 5.10 ▲	패 9.40 ▲	08.04 (수) 03:00	◉	⌃⌄+
! 84	08.03 (화) 21:50 마감	UCL	핸디캡	PSV : 미트힐란 H -1.0	승 1.68 ▼	무 3.55 ▲	패 3.85 ▲	08.04 (수) 03:00	◉	⌃⌄+
85	08.03 (화) 21:50 마감	UCL	언더오버	PSV : 미트힐란 U/O 2.5	U 1.99	-	O 1.58	08.04 (수) 03:00	◉	+

구매하기 | 카트내역 ◉

프로토 승부식 61회차   🗑

71	호주M	패 3.55 ×
75	폴란드M H -1.5	패 1.91 ×
77	스파프라	무 3.55 ×
80	KRC뱅크	무 3.30 ×
83	PSV	승 1.20 ×

선택 경기수	5 경기
예상적중배당률	95.4 배
개별투표금액	20,000 × 원
예상적중금액	1,908,000 원
구매가능금액	50,000 원

카트담기 | 바로구매

적정 조합수 및 정배당 베팅 기준

    축구 기준으로 조합은 로또폴을 제외하고는 2조합에서 최대 4조합이 적정하다고 생각됩니다.

    20배 이상의 배당률이 나오려면 조합에 2개 이상의 무승부, 역배가 포함되어야 합니다. 이는 당연히 적중 확률이 떨어집니다.

    확실한 분석을 하지 않고 배당률만 보고 베팅할 경우는 낙첨될 확률이 훨씬 높습니다. 한 경기만 더 조합하면 배당이 크게 올라가기 때문에 과욕으로 다폴더를 조합하는 경우도 많이 발생합니다.

    정배만으로 구성해도 한폴락되는 경우도 많습니다. 이에 너무 큰 욕심은 금물입니다. 정확하게 분석하고 예측한 경기

토토기술사 추천 최적 조합

조합수	조합	적정 배당률
2조합	정배+정배	2~3.2배 (완전 저배당 배제)
2조합	정배+역배 (역배는 핸디캡 추천)	5~8배
2조합	정배+무승부	5~8배 (핸무 보다 일반무 추천)
2조합	역배+무승부	9~16 배
2조합	무승부+무승부	9~16 배
2조합	역배+역배	9~16 배
3조합	정배+정배+정배	3~6배 (확신픽으로 구성)
3조합	정배+정배+핸드캡 역배	12배 정도
3조합	정배+정배+일반무	12배 정도
4조합	정배+정배+정배+정배	8배 정도
4조합	정배+정배+정배+(무 or 역배)	18배 정도
로또조합	역배, 무승부 만으로 7정도 조합	1,000배 이상 (천 원단위 베팅)

조합 문자 발송 예시(2021년 프로토 43회차)

							배당률
J리그	217.패	219.패	223.패				배당률 : 3.2배
정배	247.승	260.승	263.승	269.승			배당률 : 2.9배
핸디 정배	239.패	242.패	267.패				배당률 : 5배
무승부	216.무	266.무					배당률 : 9.6배
역배+무	238.패	241.무					배당률 : 13.3배
핸디무	224.무	248.무					배당률 : 12.5배
혼합	238.패	263.승	266.무				배당률 : 18.5배
로또 폴	216.무	220.패	224.무	238.패	241.무	248.무	266.무	배당률 : 2577.6배

만으로 구성하고 폴더 수를 너무 많이 가져가면 안 됩니다.

베팅에도 정답은 없습니다. 10번을 베팅해서 1번만 크게 적중하는 전략이면 9번의 베팅 손실을 복구할 수 있습니다. 하지만 10번 중 1번이 꼭 적중하리란 것을 예측할 수도 없고, 반대로 10번을 모두 정배 위주(저 배당)로 베팅한다고 해서 50% 이상 적중된다고 보장할 수도 없습니다.

따라서 저자의 경우 확률을 높이기 위애 베트맨 경기 번호와 예측 결과 조합으로 문자 서비스를 하고 있습니다. 하지만 이 부분은 개인의 성향에 맞게 적정 배당을 찾아 베팅하시는 것이 정답입니다. 그래서 반드시 자신만의 기준이 있어야 합니다.

베팅 금액 상한선

베팅 금액은 배당률이 높을수록 적게, 배당률이 낮을 수록 높게 하여야 합니다. 로또 조합의 경우 배당률이 1,000배 이상인데 적중 확률은 과연 몇 %나 될까요?

역배와 무승부의 비율이니 단순히 한 경기를 1:3 확률로 계산하면 안 됩니다. 하지만 단순 계산을 위해 1:3이라고 가정해도 7경기 조합하면 확률이 1:2187입니다. 이는 0.045% 입니다. 이러한 적중 확률이기 때문에 낙첨되어도 경제적 손실이 최소화가 되도록 천 원단위로 베팅하는 것이 적정합니다. 배당률이 낮은 정배 조합에 만약 2만 원을 베팅하였다면 역배 조합, 무승부 조합에는 1만 원을 베팅하는 것이 정상적인 베팅입니다.

저배당 경기 조합

완전 저배당(1.2 미만)으로 배당받은 팀은 조합에서 배제합니다. 적중하더라도 낮은 배당으로 수익도 적을뿐만 아니라 예측과 다른 경기 결과가 나온다면 심리적인 타격도 큽니다. 축으로 이용한다고 하여도 최소 1.3 이상 배당을 최소 기준으로 잡는 것도 좋은 전략입니다.

반드시 이길 거 같은 팀이라도 이변이 발생하는 것이 스포츠입니다. 오히려 역배에 소액 베팅하는 방법(두 폴더)이 오히려 좋은 선택이 될 수도 있습니다.

로또폴 조합

로또폴 조합은 말 그대로 로또와 같이 매우 높은 당첨금을 위해 조합하는 기법입니다.

당연한 얘기지만 가능성 있고 배당이 높은 예상 결과를 선택하여야 하고 또, 조합 수도 많아야 당첨금이 높습니다. 필자의 경우 로또폴은 예상 적중 배당률이 1,000배 이상일 때 로또폴이라고 말합니다. 이렇게 고배당 다수의 폴더 조합이므로 당첨 확률은 극히 떨어집니다.

무승부, 핸디캡 무승부, 역배에 고배당이 책정되기 때문에 한 경기 맞추는 것도 쉬운 일은 아닙니다. 이런 경기를 최소한 연속 6~7번 정도는 맞춰야 로또폴 적중이 됩니다.

그래서 이와 같은 로또폴에 베팅할 때는 천 원단위의 소액 베팅이 중요합니다.

천 원이 천 배에 적중된다면 백만 원이기 때문에 로또 3등의 당첨 금액과 비슷하고 만약 3,000원을 5,000배에 베팅한다면 1,500만 원으로 매우 큰 금액이 됩니다.

다시 한번 강조하지만 이러한 로또 조합은 적중률이 매우 낮기 때문에 절대 큰 금액 베팅을 권고 드리지 않습니다. 1년에 한 번이라도 된다는 보장이 있다면 모르겠지만요.

하루 만 원, 매일 천 배에 베팅한다면 총 투자 금액이 365만 원이고, 적중 시 1,000만 원이므로 이익이지만 이는 1년에 365번의 기회 중에 1번은 되어야 하므로 이 부분은 독자분들의 판단에 맡기겠습니다. 오랫동안 스포츠도 즐기면서 토토도 같이 즐기시려면 소액 베팅이 적절하다고 필자는 생각하고 있습니다.

토계부 작성

토토의 건전한 베팅 습관을 유지하기 위해서는 토계부 작성이 중요합니다. 인터넷을 검색해보면 쉽게 토계부 양식을 다운받을 수 있는데 본인이 직접 만들어서 작성하는 것도 좋습니다. 또한 별도의 전용 토토 계좌를 만들어서 수익금이나 베팅금을 별도로 관리하는 것이 좋습니다. 토계부와 마찬가지로 토토에 들어가는 실제 입출금, 환급금 등을 관리하여 장기적으로 목표 금액을 설정하고 투자의 개념으로 접근한다면 토토를 통한 스포츠 취미생활과 더불어 재테크까지 할 수 있는 일석이조의 결과를 보실 수도 있습니다.

토토기술사가 운영하는 통계사이트(totodata.cafe24.com)에서도 토계부 기능을 제공하고 있습니다.

토토기술사 토계부 화면

cms*** ▼

프로토 저장내역

2021년 60회차 ✓

배팅액(회차)	22,000	배팅액(오늘)	0
적중금액(완료)	269,000	예상 적중금액	2,433,900
Value	11,000	수익(Value)	258,000 (1172.73%)

2021-08-01 — 11,000 원 (3건)

No.	홈	선택	결과	배당	배팅	적중금
1 ★공유 ✓ 🗑삭제 ☐	303.토론토FC	무[3.25]		31.9	5,000	159,500
	241.대전시티	패[3.25]				
	309.미국	승[2.95]				
2 ★공유 ✓ 🗑삭제 ☐	239.강원FC	무[3.85]		52.2	5,000	261,000
	236.대구FC	무[3.80]				
	245.안산그리	무[3.55]				
3 ★공유 ☐ 🗑삭제 ☐	297.필라유니	무[3.65]		2013.4	1,000	2,013,400
	239.강원FC	무[3.85]				
	274.릴OSC	무[3.55]				
	303.토론토FC	무[3.25]				
	236.대구FC	무[3.80]				
	241.대전시티	패[3.25]				

2021-07-31 — 11,000 원 (2건)

No.	홈	선택	결과	배당	배팅	적중금
1 ★공유 ✓ 🗑삭제 ☐	100.일본	무[5.20]	무	26.9	10,000	269,000
	094.스페인	무[3.95]	무			
	103.브라질	승[1.29]	승			
	147.뉴욕레드	패[2.85]	패			
	207.밴쿠화이	무[3.60]				
2 ★공유 ☐	103.브라질	무[4.40]	승	2983	1,000	2,983,000
	115.제주유나	무[3.30]	패			

PART 8
자주 묻는 질문과 답변

Q. 적중 투표권 과세 기준은 어떻게 되나요?

A. 환급금은 소득세법 등 관련 법에서 정하는 규정에 따라 세금을 공제한 후 지급합니다. 적정 배당률이 100배 이하이면서 환급금이 200만 원 이하 이거나, 적중배당률에 상관없이 환급금이 10만 원 이하라면 세금이 부과되지 않습니다.

[적중 투표권 과세·비과세 구분]

구분	적정배당률 100배 이하	적정배당률 100배 초과
10만 원 이하	비과세	비과세
10만 원 초과~ 200만 원 이하	비과세	과세
200만 원 초과	과세	과세

Q. 환급금을 수령하지 않으면 어떻게 되나요?

A. 환급금은 공식 적중결과 발표일 익일부터 1년간 청구하지 아니하면 소멸시효가 완성되며, 소멸시효가 완성된 환급금은 기금에 귀속됩니다. (단 지급기한 종료일이 은행 영업일이 아닌 경우에는 다음 영업일을 지급기한 종료일로 함)

Q. 적중 투표권 환급 시기는 어떻게 되나요?

A. 환급금의 지급은 공식 적중결과가 발표된 일자부터 지급될 수 있으며, 과세 여부 및 환급 방법 등에 따라 상이하니, 자세한 사항은 아래를 참고하시기 바랍니다.

비과세 대상 환급금

— 5만 원 이하 : 회원이 선택한 환급 방법에 관계없이 예치금으로 자동 환급이 됩니다.

— 5만 원 초과 : 예치금 또는 환급 계좌 중 회원이 선택한 방법으로 자동 환급이 되나, 환급 방법을 환급 계좌로 선택한 경우에는 적중결과 발표 시간에 따라 당일 혹은 익일에 환급됩니다. 환급금 입금일이 은행 영업일이 아닌 경우에는 익영업일에 입금됩니다.

과세대상 환급금

— 과세 대상 환급금은 반드시 적중결과 발표 후 적중 투표권 환급 신청을 해야 하며, 이후 예치금 또는 환급 계좌 중 회원이 선택한 방법으로 환급됩니다.

— 3억 원 미만 : 적중 투표권 환급 신청 시간에 따라 회원이 선택한 예치금 또는 환급 계좌로 당일 혹은 익일에 환급됩니다. 환급금 입금일이 은행 영업일이 아닌 경우에는 익영업일에 입금되며, 시스템 운영상 장애 발생 등으로 부득이하게 지연될 수 있습니다.

— 3억 원 이상 : 적중 투표권 환급 신청 이후 베트맨 고객센터에 연락을 하

고, 투표권 구매내역 출력본과 신분증을 지참하여 지급대행 은행 본점(현 우리은행)을 직접 방문하면 환급금을 수령하게 됩니다.

Q. 불법 스포츠 도박을 이용하면 어떤 처벌을 받나요?

A. 불법 스포츠 도박과 관련된 모든 행위에 대해 적발 시 규정법에 따른 처벌 조치가 이루어집니다.

불법 스포츠 도박을 운영하는 행위
— 7년 이하 징역 또는 7,000만 원 이하의 벌금

불법 스포츠 도박 운영을 위한 시스템 및 온라인 사이트 설계, 제작, 유통하는 행위
— 5년 이하 징역 또는 5000만 원 이하의 벌금

불법 스포츠 도박 운영을 위해 운동경기 관련 정보를 제공하는 행위
— 3년 이하의 징역 또는 3,000만 원 이하의 벌금

불법 스포츠 도박을 홍보하거나 구매를 중개 알선하는 행위
— 3년 이하 징역 또는 3,000만 원 이하의 벌금

Q. 해외 스포츠베팅 사이트를 이용해도 되나요?

A. 대한민국 국적을 가진 국민이 해외 스포츠 베팅 사이트 (합법·불법 포함)를 이용하여 베팅하는 것은 불법입니다. 또한 체육진흥투표권 공식 인터넷 발매 사이트 베트맨이 아닌 곳에서 스포츠 베팅 행위는 관련 법에 의해 엄격히 금지되어 있습니다. 따라서, 국내에서 체육진흥투표권 공식 인터넷 발매 사이트인 베트맨에서만 토토·프로토를 구매하시기 바랍니다.

Q. 프로토는 어떤 게임인가요? 승부식과 기록식은 어떻게 다른가요?

A. 프로토는 국내외 주요 스포츠 경기를 대상으로 발매하며, 대상 경기 중 고객님이 원하는 경기만을 골라서 구매할 수 있는 고정배당률 게임입니다. 자신 있는 경기만을 선택할 수 있기 때문에 누구나 쉽게 참여할 수 있으며, 미리 경기 결과별 배당률이 고지되기 때문에 예상 적중금을 미리 알 수 있습니다.

승부식은 최대 650경기로 구성되며, 2개~10개 경기를 선택하고 승무패 혹은 사전에 주어지는 조건(핸디캡, 언더오버)을 반영한 승무패를 예상하여 맞히는 게임입니다.

기록식은 최대 24개의 게임으로 구성되며, 이 중 1개 게임을 선택하여 결과를 맞히는 게임입니다.

기록식의 게임 유형으로는 우승 팀(자), 결승진출팀(자), 득점 점수, 득점 선수, 홈런 수 등 다양합니다.

Q. 프로토는 경기별 10분 전에 발매마감된다고 했는데 새벽 경기는 언제 마감이 되나요?

A. 대상 경기 마감은 각 대상 경기 시작 시간 10분 전에 발매가 마감됩니다. 현재 체육진흥투표권 발행 시간이 08:00~22:00이므로 22시 이후 개최되는 경기는 발행 업무 종료 10분 전인 21:50분에 일괄 마감이 됩니다.

Q. 프로토 적중결과는 언제 발표하나요?

A. 적중결과 발표는 통상적으로 경기 종료 당일 발표합니다.

— 예시 1 : 경기가 1월 10일 19 : 00에 개최되는 경우에는 1월 10일 18 : 50에 마감이 되어 1월 10일 당일에 적중결과가 발표됩니다.
— 예시 2 : 경기가 1월 10일 23 : 00에 개최되는 경우에는 1월 10일 21 : 50에 마감이 되어 1월 11일에 적중결과가 발표됩니다.

— 예시 3 : 경기가 1월 11일 04 : 00에 개최되는 경우에는 1월 10일 21 : 50 에 마감이 되어 1월 11일에 적중결과가 발표됩니다.

Q. 프로토는 연장전을 포함한 결과가 적용되나요?

A. 프로토 승부식 및 기록식의 대상 경기 적용 시간은 아래와 같습니다.

— 축구 : 전·후반까지의 결과 적용(연장전, 승부차기 제외)
— 농구 : 최종 결과 적용(연장전 포함)
— 야구 : 최종 결과 적용(연장전 포함)
— 배구 : 최종 결과 적용

무승부 배당률이 제시되지 않은 야구, 농구, 배구 종목에서 최종 결과가 무승부일 경우 승, 패 배당률은 모두 1.0배로 적용됩니다. (단, 사전에 조건이 주어진 경우 조건이 반영된 경기 결과를 적용)

Q. 프로토 상품은 이월이 있을 수 있나요?

A. 프로토 상품은 이월이 없습니다. 고정배당률 상품의 환급금은 고객이 선택한 경기 결과의 조합을 모두 맞혔을 때

지급하는 것이기 때문에 회차별로 환급률이 일정하지 않습니다. 가능성은 희박하지만 프로토 한 회차에서 본인이 투표한 조합을 맞힌 적중자가 한 명도 없으면 환급률은 0%가 됩니다. 하지만 해당 회차에서는 환급금이 발생하지 않더라도 프로토 상품은 연간 환급률 50~70%를 준수해야 하기 때문에 발매금액의 일징 부분은 결과석으로 고객에게 돌아가게 됩니다.

Q. 프로토 배당률은 어떻게 산정되나요?

A. 각 경기의 배당률은 사업자가 팀의 성적, 전적, 부상 선수 유무, 최근 분위기 및 언론 보도, 유명도 등 고려할 수 있는 요인들을 최대한 참고하여 예상되는 경기 결과를 토대로 산정합니다.

Q. 배당률이 해외 사이트와 다른 이유는 무엇인가요?

A. 같은 경기에 대해서 업체마다 제시하는 배당률이 다른 이유는 통계 이외의 정보 분석의 차이가 있기 때문입니다. 특히 고객의 투표 성향은 국가별로 큰 차이를 보이며, 이 차이는 국가별, 업체별 배당률의 차이로 나타나는 경우가 많습

니다.

실제 예로 AFC 챔피언스리그 경기에 대해서는 한국과 유럽 고객들이 접하는 정보와 뉴스량에 대한 차이가 극단적으로 커지게 되므로 배당률도 차이가 날 수밖에 없습니다.

Q. 어떤 경우 배당률이 변경되나요?

A. 배당률 변경은 경기 결과에 영향을 미칠 수 있는 여러 가지 요인에 의해서 변경될 수 있습니다.

예를 들어 특정 조합이나 일부 투표 항목에 구매 집중 시 경기 결과에 따라 환급률이 상승하거나, 반대로 대다수 고객의 예측과 다르게 경기 결과가 나올 경우 환급률 하락으로 이어져 연간 평균 환급률 준수에 지장을 초래할 수 있습니다. 이에 건전한 투표권 구매 환경 조성과 안정적인 환급률 관리를 위해 배당률은 변경될 수 있습니다. 단, 배당률 변경 시점 이전 구매자는 구매 시점의 배당률을 기준으로 적중금이 계산됩니다.

Q. 발매가 차단되는 이유는 무엇인가요?

A. 프로토는 사행성 방지 및 연간 환급률(50~70%) 준수를

위해 일부 경기 및 조합에 투표가 과도하게 집중될 경우 판매를 차단하고 있습니다. 이는 특정 경기나 조합으로 발매가 집중될 경우 경기 결과에 따라 환급률이 지나치게 높아지거나 지나치게 낮아지는 상황을 방지하기 위한 조치로 안정적인 환급률 운영을 통한 고객 보호 및 기금 조성을 위한 안전장치로써 사용되고 있습니다.

Q. 연간 환급률을 50~70%로 정한 근거는 무엇인가요?

A. '연간목표환급률'은 국민체육진흥법 시행령에 명시되어 있는 규정으로 고정배당률 상품은 연간 평균 환급률을 50~70% 범위 내에서 운영하도록 되어있습니다.

Q. 배당률 상한 제한이나, 적중금 상한 제한이 있나요?

A. 프로토 상품은 체육진흥 등에 필요한 재원 조성과 건전한 스포츠 베팅 문화를 정착시키고자 하는 기본 취지에 따라, 적중금 상한액을 1억 원으로 정하고 있습니다.

여기서 적중금 상한액 1억 원은 각 투표권당 적중 금액의 합산이 아닌 개별적인 투표권당 적중 금액입니다.

Q. 프로토 상품의 회차별 환급액을 공개 안 하나요?

A. 스포츠토토코리아는 프로토 발매와 관련하여 공식 경기 결과, 적중 시의 환급 배당률, 적중결과 발표일 및 환급 기간 등 고객의 적중결과 확인에 필요한 필수사항을 고지하고 있습니다.

회차별 환급률 정보는 회사의 사업 운영 기술과 관련된 정보에 해당하며, 배당률 산정 등 상품 운영 노하우와 직접 연관되는 내용으로 정보 공개의 대상으로 볼 수 없습니다.

토토 상품의 경우 총 발매금액과 적중 투표 매수에 따라 고객의 적중금이 정해지므로, 총 발매금액이나 적중금의 규모 등을 고객에게 고지하지만, 프로토 상품의 경우 사전에 수령할 수 있는 적중금이 정해져 있으며, 환급률 역시 연간 단위로 계산하기 때문에 회차별 판매 내역과 당첨 내역을 별도 고지하지 않는 것입니다. (이는 해외의 스포츠베팅 업체들의 경우도 마찬가지입니다.)

그러나 매년 초 전년도의 실적을 종합하여 프로토 상품의 발매액 및 환급률 정보를 연간 단위로 공개하고 있으니 참고 바랍니다.

Q. 프로토 승부식 배당률 표에 있는 모든 경기에 모두 참여해야 하나요?

A. 아닙니다. 배당률 표에 나와 있는 경기 중 최소 2경기에서 최대 10경기까지 원하는 경기를 선택하시면 됩니다.

Q. 프로토 승부식의 투표 금액은 선택한 경기 수에 따라 다른가요?

A. 아닙니다. 선택한 경기 수와 투표 금액은 무관합니다.

Q. 프로토 승부식은 선택한 경기 중 한 경기만 맞아도 적중 상금을 받나요?

A. 아닙니다. 선택한 모든 경기의 경기 결과를 맞힌 것을 적중으로 합니다.

Q. 프로토 승부식은 최소 2경기 이상 선택해야 하는데, 1경기만 선택하여 구매할 수는 없나요?

A. 프로토 상품은 국민체육진흥기금을 조성하기 위한 목적으로 국민체육진흥법 및 시행령에서 연간 환급률(50%~70%)을 준수토록 규정되어 있습니다. 프로토 상품은 이를 위하여 기본적으로 모든 대상 경기를 최소 2경기 이상 선택

하도록 구성되어 있습니다.

Q. 프로토 승부식의 적중배당률 및 적중금은 어떻게 계산되나요?

A. 선택한 경기의 경기 결과를 모두 맞힌 것을 적중으로 하며, 환급금은 적중배당률과 단위 구입 금액을 곱하여 계산합니다.

— 예 : (2.10 x 3.70 x 1.83) x 10,000원 = 143,000원

선택한 경기 결과를 모두 맞혔을 경우, 적중배당률은 선택한 경기 결과 배당률들의 곱이며 소수점 셋째 자리 절사 후 둘째 자리에서 절상 처리됩니다.

— 예 : 3.209→3.2 · 3.210→3.3

적중배당률이 100배 이하이면서 환급금이 200만 원 이하이거나, 적중배당률에 상관없이 환급금이 10만 원 이하인 경우는 세금이 부과되지 않습니다.

Q. 프로토 승부식 대상 경기가 취소되면 환불되나요?

A. 고객이 구매한 투표권에 포함된 대상 경기의 일부가 무효로 판정될 경우 해당 경기의 결과를 맞춘 것으로 보아, 해당 경기의 환급 배당률은 1.0배로 합니다. 고객이 구매한 모든 경기가 무효로 판정될 경우 투표권은 환불됩니다.

Q. 프로토 승부식 핸디캡 상품에 대해서 알려주세요.

A. 대상 경기에 주어진 조건을 반영한 승·무·패 혹은 승패 결과에 대한 배당률이 산정되고, 고객이 그 결과를 예상하여 맞히는 방식입니다. 일반적으로 강팀에게는 불리한 핸디캡이, 약팀에게는 유리한 어드벤티지가 주어집니다.

Q. 프로토 승부식 소수 핸디캡 방식에 대해 알려주세요.

A. 축구 종목에 사용 중인 기존의 핸디캡(-1, +1 등)과 달리 -1.5, +1.5 등의 조건을 부여한 방식으로 '승·무·패' 세 항목 중 하나를 선택하는 것이 아니라 '무' 항목을 제외한 '승'과 '패' 두 가지 항목 중 하나를 선택할 수 있도록 한 게임 방식입니다.

Q. 프로토 승부식 언더·오버 방식에 대해 알려주세요.

A. 양 팀 득점 총합이 제시된 기준값보다 작은 값인지(언더-U), 큰 값인지(오버-O)를 예상하여 맞히는 방식입니다.

— 언더(U) : 제시된 기준값보다 양 팀 득점의 총합이 작을 때
— 오버(O) : 제시된 기준값보다 양 팀 득점의 총합이 클 때

Q. 프로토 승부식 핸디캡(사전에 주어진 조건) 및 언더·오버 대상 경기의 기준값 및 배당률이 변경될 수 있나요?

A. 핸디캡과 언더오버 상품은 양 팀(언더·오버)의 승률이 50%에 가장 가깝게 기준값이 책정되어 배당률이 산정됩니다. 특정 항목에 구매가 몰리는 경우 승률 50%에 가장 가깝게 배당률을 변경하고 배당률의 변경보다 기준값의 변경이 승률 50%에 가깝다고 판단될 경우 기준값을 변경합니다.

또한 기준값 및 배당률을 모두 변경하여 승률 50%에 가깝게 된다면 두 가지 모두 변경될 수도 있습니다.

Q. 승부식 게임 중 종목별 배당률은 언제 발표되나요?

A. 통상적인 배당률 공지 시점은 아래와 같으며, 해당 경기

의 특이사항 발생 시 배당률 공지는 지연될 수 있습니다.

축구
— 회차 게시와 함께 배당률 등록(단, 해당 팀 직전 경기가 있을 시 직전 경기 종료 후 배당률 등록)

야구
— KBO, NPB : 직전 경기 종료 후, 선발투수 공지되면 배당률 등록
— MLB : 전일 리그 일정 종료 후, 배당률 일괄 등록

농구
— KBL, WKBL : 전일 리그 일정 종료 후, 익일 오전 배당률 일괄 등록
— NBA : 전일 리그 일정 종료 후, 배당률 일괄 등록

배구
— 전일 리그 일정 종료 후, 익일 오전 배당률 일괄 등록

Q. 프로토 기록식에 있는 게임은 어떤 것이 있나요?

A. 다양한 경기 기록을 대상으로 게임이 구성되며, 일반적으로 다음과 같은 게임 등이 있습니다.

축구 최종 점수 맞히기

— 투표 항목 중 기타 홈승은 투표 항목에 포함되지 않은 점수로 홈팀이 승리한 경우에 적용

— 투표 항목 중 기타 무승부 또는 기타 무는 투표 항목에 포함되지 않은 점수로 무승부 일 경우에 적용

— 투표 항목 중 기타 홈패는 투표 항목에 포함되지 않은 점수로 홈팀이 패한 경우에 적용

농구 최종 점수차 맞히기

— 최종 경기 종료 시까지(연장전 포함) 홈팀과 원정팀의 점수차를 기준으로 적용

대회 우승 팀·선수 맞히기

— 투표 항목 중 '기타팀·선수'는 투표 항목에 포함되지 않은 팀·선수가 우승을 차지할 경우 적용

— 대회 시작 전 투표 항목에 포함된 팀·선수가 불참 시 해당 팀·선수에 투표한 금액은 환불

Q. 토토 상품의 복식과 단식은 뭐가 다른 건가요?

A. 복식은 단식을 여러 조합으로 구매할 때의 불편함을 덜어드리고자 많은 조합을 한 장의 투표권으로 구매할 수 있게 만들어진 방식입니다.

투표용지에 결과를 복수로 예상하여 표기하고, 그 수를 모두 곱한 후 구입 금액을 곱하면 총 구입 금액이 됩니다.

또한 '복식 자동선택란'이 있는 투표용지의 경우 고객분께서 원하시는 구매 금액을 선택하면 금액에 맞추어 자동으로 복수의 예상 결과가 표기되어 구매됩니다.

Q. 토토 상품 대상 경기가 취소되면 투표권은 환불되나요?

A. 다음에 해당하는 수의 대상 경기가 무효로 판정될 경우 해당 상품의 발매는 무효로 하고 구입 금액을 환불해 드립니다.

— 대상 경기가 1~4개로 구성된 상품 : 1개 경기 이상
— 대상 경기가 5~8개로 구성된 상품 : 2개 경기 이상
— 대상 경기가 9개 이상인 경우 : 3개 경기 이상

Q. 토토 언더오버의 대상 종목은 무엇인가요?

A. 토토 언더오버는 축구, 농구, 야구, 배구 종목을 대상으로 발매됩니다.

Q. 토토 언더오버의 기준값은 변경될 수 있나요?

A. 토토 언더오버 기준값은 대상 리그의 득점 추이에 따라 변경될 수 있습니다.

Q. 토토 언더오버의 투표 방법은 무엇인가요?

A. 5경기 또는 7경기의 경기별 홈팀과 원정팀 각각의 최종 득점을 제시된 기준값과 비교하여 낮은지(언더, U), 높은지(오버, O)를 예상합니다. 투표 항목은 제시된 기준값 미만 시 '언더(U)', 초과 시 '오버(O)'로 투표할 수 있으며 단위 투표 금액은 100원입니다.

적중 투표 결정 방법
ㅡ 5경기 : 1~5경기 홈 및 원정 10개 팀 비교 결과 모두 적중
ㅡ 7경기 : 1~7 경기 홈 및 원정 14개 팀 비교 결과 모두 적중

Q. 참여 금액은 원하는 만큼 할 수 있나요?

A. 체육진흥투표권은 국민체육진흥법 시행령에 의거하여 발행 회차별 1인당 총 투표 금액을 10만 원 이하로 제한하고 있습니다. 단, 인터넷 발매 사이트인 '베트맨'에 한하여 회차당 1인 5만 원, 1일 6회차까지 구매가 가능합니다.

Q. 구매 시간은 어떻게 되나요?

A. 일일 발매 가능 시간은 8시부터 22시까지이며, 온 오프라인을 통해 구매할 수 있습니다.

Q. 구매한 영수증을 수정하거나 취소할 수 있나요?

A. 발매기 또는 인터넷 발매 사이드를 통해 발매된 두표권은 시스템 및 발매기 등 전산장비의 오류로 인하여 발생된 오류 투표권을 제외하고 어떠한 경우라도 환불되지 않습니다. 투표권 수령 즉시 본인이 표기한 투표 내용과 일치하는지, 대상 게임의 종류 및 회차, 투표권 승인 번호, 투표권의 상태, 고정배당률 게임의 배당률 등에 오류가 없는지 반드시 확인하여야 합니다.

Q. 구입한 투표권을 환불받을 수 있나요?

A. 한번 발매된 투표권은 취소나 환불되지 않습니다. 다만 다음과 같은 경우에는 무효 처리 후 환불이 가능합니다.

— 대상 경기가 몰수 경기, 천재지변, 기타 사유로 인해 비정상적으로 종료된 경우 해당 경기는 무효로 합니다.
— 개최된 대상 경기의 최종 경기 결과가 천재지변, 기타 사유로 인해 현지

시각 24시까지 확정되지 않는 경우 해당 경기를 무효로 합니다. 단, 경기가 진행되고 있거나 현장에서 경기 재개 또는 최종 결과 확정을 위한 대기 시 제외됩니다.

— 대상 경기 관련 국가의 내정 불안, 경기 규정의 변경 가능성 등을 이유로 경기의 운영 안정성이 확보되지 않는 경우 해당 경기를 무효 처리할 수 있습니다.

— 체육진흥투표권 약관 제16조(대상 경기의 경기 시각 변경 시 유무효 규정)에 의거하여 무효 처리할 수 있습니다.

Q. 야구경기의 선발투수가 변경되었는데 환불받을 수 있나요?

A. 선발투수 변경은 경기 무효 사유가 되지 않습니다.

Q. 대상 경기의 장소가 변경되었는데 환불받을 수 있나요?

A. 주최 단체 사정에 의한 경기 장소, 경기 장소 특이사항의 변경은 경기 무효 사유가 되지 않습니다.

PART 9

부록

축구 승무패 2021년 적중내역 및 환급금액

회차	1등 적중 투표수	1등 개별 환급 금액	2등 투표수 (환급금액)	3등 투표수 (환급금액)	4등 투표수 (환급금액)
30	0	1,185,157,000원	9(32,986,730원)	151(983.050원)	1,501(197,790원)
29	0	442,955,750원	6(29,530,390원)	209(423,890원)	1,856(95,470원)
28	9	172,220,670원	169(2,203,240원)	2,040(91,270원)	16,346(22,780원)
27	0	619,117,250원	14(17,689,070원)	283(437,540원)	2,632(94,090원)
26	1	651,283,500원	7(37,216,200원)	189(689,190원)	2173(119,890원)
25	11	110,572,390원	320(839,960원)	4,286(31,360원)	30,243(8,890원)
24	0	544,330,500원 (이월)	1(217,732,200원)	72(1,512,030원)	893(243,830원)
23	6	132,563,590원	284(1,120,260원)	3,990(39,870원)	27,435(11,600원)
22	9	96,677,480원	441(789,210원)	6,543(26,600원)	47,873(7,270원)
21	1	923,641,000원	47(7,860,780원)	723(255,510원)	6,913(59,660원)
20	3	638,053,750원	153(2,656,460원)	2,590(78,470원)	23,155(17,560원)
19	0	898,067,250원 (이월)	3(119,742,300원)	70(2,565,910원)	860(417,710원)
18	25	134,030,220원	692(986,280원)	8,273(41,250원)	53,421(12,780원)
17	0	1,644,497,500원 (이월)	7(62,902,250원)	82(2,684,860원)	1,065(413,450원)

16	0	543,708,250원	0	42(7,767,260원)	474(458,830원)
15	4	515,996,750원	70(6,985,490원)	692(353,320원)	4,944(98,910원)
14	0	841,527,000원 (이월)	6(56,101,800원)	81(2,077,850원)	894(376,530원)
13	24	22,831,910원	694(315,830원)	7,642(14,340원)	41,571(5,280원)
12	5	771,017,250원	164(4,346,310원)	2,067(172,430원)	16,120(44,220원)
11	0	2,073,101,250원 (이월)	9(53,818,540원)	184(1,316,220원)	1,999(242,310원)
10	0	862,184,250원 (이월)	25(13,794,950)	444(388,380원)	4141(83,290원)
9	1	919,941,500원	145(2,537,770원)	2,390(76,990원)	20105(18,310원)
8	10	208,841,580원	240(1,757,000원)	3,061(68,880원)	22,289(18,920원)
7	0	1,034,219,500원 (이월)	3(137,895,940원)	83(2,492,100원)	964(429,140원)
6	18	134,356,250원	467(1,258,100원)	5,115(57,440원)	35580(16,520원)
5	0	949,743,000원 (이월)	213(1,783,560원)	2,130(89,180원)	18,428(20,620원)
4	54	43,759,300원	1,307(400,090원)	14,230(18,380원)	85,857(6,090원)
3	0	1,055,724,000원 (이월)	6(70,381,600원)	80(2,639,310원)	917(460,520원)
2	10	96,086,950원	417(921,700원)	6,359(30,220원)	45,122(8,520원)
1	2	462,033,630원	42(8,800,640원)	599(308,540원)	5,541(66,710원)

축구 일반 배당통계 별 적중 비율 (2020년 1월 ~2021년 5월 기준)

● 승배당 기준

순위	배당	전체	적중	비율
144	승1.01	18	16	88.9%
236	승1.02	4	3	75.0%
211	승1.03	8	6	75.0%
219	승1.04	7	7	100.0%
171	승1.05	15	14	93.3%
201	승1.06	11	10	90.9%
127	승1.07	21	18	85.7%
192	승1.08	12	8	66.7%
206	승1.09	9	8	88.9%
181	승1.10	13	10	76.9%
185	승1.11	13	8	61.5%
161	승1.12	16	12	75.0%
169	승1.13	15	8	53.3%
100	승1.14	24	22	91.7%
81	승1.15	27	20	74.1%
175	승1.16	14	13	92.9%
147	승1.17	17	11	64.7%
1	승1.18	86	45	52.3%
80	승1.19	27	14	51.9%
141	승1.20	19	16	84.2%
151	승1.21	17	10	58.8%

순위	배당	전체	적중	비율
109	승1.22	23	17	73.9%
67	승1.23	29	26	89.7%
130	승1.24	20	15	75.0%
149	승1.25	17	14	82.4%
105	승1.26	24	16	66.7%
87	승1.27	26	22	84.6%
83	승1.28	27	19	70.4%
117	승1.29	22	16	72.7%
28	승1.30	37	27	73.0%
70	승1.31	29	21	72.4%
86	승1.32	26	16	61.5%
84	승1.33	27	21	77.8%
48	승1.34	32	25	78.1%
82	승1.35	27	20	74.1%
57	승1.36	30	24	80.0%
97	승1.37	25	16	64.0%
31	승1.38	37	22	59.5%
71	승1.39	28	17	60.7%
23	승1.40	41	30	73.2%
164	승1.41	15	11	73.3%
123	승1.42	21	16	76.2%
172	승1.43	15	11	73.3%
65	승1.44	29	17	58.6%

순위	배당	전체	적중	비율
55	승1.45	32	24	75.0%
47	승1.46	32	17	53.1%
50	승1.47	32	20	62.5%
27	승1.48	38	21	55.3%
106	승1.49	23	12	52.2%
29	승1.50	37	21	56.8%
103	승1.51	24	19	79.2%
38	승1.52	35	20	57.1%
62	승1.53	29	16	55.2%
61	승1.54	30	17	56.7%
42	승1.55	34	20	58.8%
32	승1.56	37	27	73.0%
77	승1.57	28	18	64.3%
63	승1.58	29	21	72.4%
78	승1.59	27	12	44.4%
75	승1.60	28	18	64.3%
35	승1.61	36	15	41.7%
102	승1.62	24	12	50.0%
89	승1.63	26	11	42.3%
101	승1.64	24	14	58.3%
52	승1.65	32	19	59.4%
44	승1.66	33	10	30.3%
22	승1.67	42	23	54.8%

순위	배당	전체	적중	비율
92	승1.68	25	16	64.0%
132	승1.69	20	11	55.0%
107	승1.70	23	6	26.1%
25	승1.71	39	26	66.7%
146	승1.72	18	9	50.0%
64	승1.73	29	12	41.4%
93	승1.74	25	9	36.0%
58	승1.75	30	10	33.3%
121	승1.76	21	13	61.9%
148	승1.77	17	9	52.9%
124	승1.78	21	7	33.3%
186	승1.79	13	7	53.8%
34	승1.80	36	12	33.3%
26	승1.81	38	17	44.7%
188	승1.82	12	8	66.7%
36	승1.83	36	19	52.8%
21	승1.84	43	22	51.2%
154	승1.85	17	10	58.8%
56	승1.86	31	11	35.5%
125	승1.87	21	10	47.6%
79	승1.88	27	9	33.3%
69	승1.89	29	12	41.4%
143	승1.90	18	10	55.6%

순위	배당	전체	적중	비율
108	승1.91	23	11	47.8%
140	승1.92	19	12	63.2%
17	승1.93	47	17	36.2%
165	승1.94	15	7	46.7%
39	승1.95	35	14	40.0%
76	승1.96	28	13	46.4%
60	승1.97	30	14	46.7%
120	승1.98	22	10	45.5%
43	승1.99	34	16	47.1%
115	승2.00	22	6	27.3%
91	승2.01	25	17	68.0%
187	승2.02	13	6	46.2%
33	승2.03	36	8	22.2%
133	승2.04	20	10	50.0%
40	승2.05	35	16	45.7%
51	승2.06	32	10	31.3%
53	승2.07	32	16	50.0%
180	승2.08	13	5	38.5%
158	승2.09	16	7	43.8%
30	승2.10	37	12	32.4%
66	승2.11	29	13	44.8%
74	승2.12	28	7	25.0%
176	승2.13	13	6	46.2%

순위	배당	전체	적중	비율
104	승2.14	24	11	45.8%
59	승2.15	30	11	36.7%
152	승2.16	17	5	29.4%
136	승2.17	20	8	40.0%
54	승2.18	32	11	34.4%
221	승2.19	7	2	28.6%
119	승2.20	22	8	36.4%
116	승2.21	22	9	40.9%
90	승2.22	25	10	40.0%
167	승2.23	15	5	33.3%
96	승2.24	25	8	32.0%
137	승2.25	20	7	35.0%
88	승2.26	26	5	19.2%
118	승2.27	22	8	36.4%
170	승2.28	15	4	26.7%
142	승2.29	18	7	38.9%
110	승2.30	23	6	26.1%
122	승2.31	21	5	23.8%
193	승2.32	12	6	50.0%
46	승2.33	33	13	39.4%
95	승2.34	25	13	52.0%
114	승2.35	23	8	34.8%
99	승2.36	24	11	45.8%

순위	배당	전체	적중	비율
85	승2.37	27	10	37.0%
177	승2.38	13	9	69.2%
202	승2.39	10	6	60.0%
18	승2.40	47	15	31.9%
218	승2.41	7	1	14.3%
134	승2.42	20	6	30.0%
256	승2.43	1	0	0.0%
208	승2.44	9	2	22.2%
5	승2.45	66	28	42.4%
225	승2.46	5	1	20.0%
239	승2.47	3	2	66.7%
226	승2.49	5	0	0.0%
8	승2.50	59	11	18.6%
262	승2.54	1	0	0.0%
4	승2.55	74	20	27.0%
9	승2.60	58	15	25.9%
2	승2.65	79	24	30.4%
7	승2.70	59	17	28.8%
3	승2.75	77	20	26.0%
6	승2.80	64	15	23.4%
15	승2.85	48	17	35.4%
14	승2.90	48	13	27.1%
12	승2.95	52	18	34.6%

순위	배당	전체	적중	비율
13	승3.00	50	15	30.0%
10	승3.05	55	12	21.8%
11	승3.10	55	12	21.8%
19	승3.15	46	9	19.6%
41	승3.20	35	8	22.9%
20	승3.25	44	13	29.5%
24	승3.30	39	8	20.5%
37	승3.35	36	6	16.7%
16	승3.40	48	12	25.0%
72	승3.45	28	4	14.3%
68	승3.50	29	8	27.6%
94	승3.55	25	5	20.0%
49	승3.60	32	7	21.9%
45	승3.65	33	3	9.1%
126	승3.70	21	4	19.0%
73	승3.75	28	8	28.6%
139	승3.80	19	4	21.1%
135	승3.85	20	1	5.0%
157	승3.90	16	5	31.3%
191	승3.95	12	5	41.7%
166	승4.00	15	3	20.0%
98	승4.05	24	7	29.2%
145	승4.10	18	2	11.1%

순위	배당	전체	적중	비율
111	승4.15	23	8	34.8%
129	승4.20	20	6	30.0%
163	승4.25	16	2	12.5%
153	승4.30	17	2	11.8%
159	승4.35	16	1	6.3%
128	승4.40	20	4	20.0%
156	승4.45	16	2	12.5%
112	승4.50	23	3	13.0%
168	승4.55	15	4	26.7%
131	승4.60	20	2	10.0%
174	승4.65	14	2	14.3%
212	승4.70	8	2	25.0%
198	승4.75	11	1	9.1%
197	승4.80	11	0	0.0%
196	승4.85	11	3	27.3%
183	승4.90	13	1	7.7%
195	승4.95	11	1	9.1%
155	승5.00	17	3	17.6%
190	승5.10	12	1	8.3%
113	승5.20	23	4	17.4%
178	승5.30	13	1	7.7%
210	승5.40	8	1	12.5%
184	승5.50	13	2	15.4%

순위	배당	전체	적중	비율
150	승5.60	17	1	5.9%
162	승5.70	16	3	18.8%
203	승5.80	10	1	10.0%
138	승5.90	19	2	10.5%
194	승6.00	11	3	27.3%
199	승6.10	11	2	18.2%
189	승6.20	12	0	0.0%
179	승6.30	13	1	7.7%
173	승6.40	14	0	0.0%
160	승6.50	16	3	18.8%
230	승6.60	5	3	60.0%
205	승6.70	9	1	11.1%
207	승6.80	9	1	11.1%
244	승6.90	2	0	0.0%
200	승7.00	11	0	0.0%
227	승7.10	5	1	20.0%
216	승7.20	7	0	0.0%
182	승7.30	13	1	7.7%
231	승7.40	4	0	0.0%
235	승7.50	4	0	0.0%
237	승7.60	3	0	0.0%
214	승7.70	8	1	12.5%
215	승7.80	7	2	28.6%

순위	배당	전체	적중	비율
229	승7.90	5	0	0.0%
233	승8.00	4	1	25.0%
209	승8.10	8	3	37.5%
250	승8.18	1	0	0.0%
228	승8.20	5	1	20.0%
224	승8.30	6	1	16.7%
246	승8.40	2	0	0.0%
240	승8.60	3	0	0.0%
257	승8.70	1	0	0.0%
238	승8.80	3	1	33.3%
204	승8.90	9	1	11.1%
223	승9.10	6	0	0.0%
243	승9.20	3	0	0.0%
222	승9.30	6	0	0.0%
249	승9.40	1	0	0.0%
220	승9.50	7	0	0.0%
248	승9.60	1	0	0.0%
247	승9.70	2	0	0.0%
253	승9.80	1	0	0.0%
242	승9.90	3	0	0.0%
241	승10.00	3	0	0.0%
260	승10.50	1	0	0.0%
213	승11.00	8	0	0.0%

순위	배당	전체	적중	비율
232	승11.50	4	0	0.0%
245	승12.00	2	0	0.0%
217	승12.50	7	1	14.3%
255	승13.00	1	0	0.0%
234	승13.50	4	0	0.0%
252	승14.00	1	0	0.0%
254	승14.50	1	0	0.0%
251	승16.00	1	0	0.0%
261	승17.00	1	0	0.0%
258	승18.00	1	0	0.0%
263	승18.50	1	0	0.0%
259	승19.00	1	0	0.0%

● 무배당 기준

순위	배당	전체	적중	비율
97	무1.90	1	1	100.0%
90	무2.19	1	1	100.0%
96	무2.44	1	0	0.0%
71	무2.55	5	2	40.0%
70	무2.60	6	1	16.7%
58	무2.65	15	7	46.7%
53	무2.70	20	6	30.0%
36	무2.75	37	15	40.5%

순위	배당	전체	적중	비율
24	무2.80	82	25	30.5%
19	무2.85	102	39	38.2%
15	무2.90	147	48	32.7%
13	무2.95	159	48	30.2%
9	무3.00	218	58	26.6%
7	무3.05	241	72	29.9%
6	무3.10	243	70	28.8%
8	무3.15	234	65	27.8%
1	무3.20	322	105	32.6%
4	무3.25	270	77	28.5%
2	무3.30	304	89	29.3%
5	무3.35	257	61	23.7%
3	무3.40	295	85	28.8%
10	무3.45	217	48	22.1%
11	무3.50	178	39	21.9%
12	무3.55	176	41	23.3%
14	무3.60	153	40	26.1%
16	무3.65	143	34	23.8%
17	무3.70	126	23	18.3%
18	무3.75	107	33	30.8%
20	무3.80	100	20	20.0%
22	무3.85	83	18	21.7%
23	무3.90	83	16	19.3%

순위	배당	전체	적중	비율
28	무3.95	60	13	21.7%
25	무4.00	82	16	19.5%
27	무4.05	60	13	21.7%
26	무4.10	67	9	13.4%
95	무4.14	1	0	0.0%
31	무4.15	50	7	14.0%
30	무4.20	53	11	20.8%
32	무4.25	48	5	10.4%
29	무4.30	54	15	27.8%
34	무4.35	44	4	9.1%
33	무4.40	45	3	6.7%
37	무4.45	35	9	25.7%
41	무4.50	28	4	14.3%
35	무4.55	38	6	15.8%
50	무4.60	21	5	23.8%
38	무4.65	32	7	21.9%
39	무4.70	31	5	16.1%
55	무4.75	17	1	5.9%
40	무4.80	31	2	6.5%
42	무4.85	28	7	25.0%
48	무4.90	22	3	13.6%
54	무4.95	18	6	33.3%
46	무5.00	25	3	12.0%

순위	배당	전체	적중	비율
44	무5.10	27	7	25.9%
21	무5.20	93	18	19.4%
45	무5.30	25	5	20.0%
47	무5.40	25	4	16.0%
43	무5.50	27	2	7.4%
49	무5.60	22	1	4.5%
56	무5.70	16	2	12.5%
51	무5.80	20	4	20.0%
52	무5.90	20	1	5.0%
62	무6.00	10	1	10.0%
63	무6.10	8	1	12.5%
60	무6.20	11	1	9.1%
73	무6.30	5	0	0.0%
68	무6.40	6	0	0.0%
59	무6.50	12	3	25.0%
67	무6.60	6	0	0.0%
74	무6.70	5	1	20.0%
79	무6.80	4	2	50.0%
81	무6.90	3	0	0.0%
57	무7.00	16	3	18.8%
61	무7.10	10	0	0.0%
80	무7.20	3	0	0.0%
66	무7.30	6	2	33.3%

순위	배당	전체	적중	비율
69	무7.40	6	0	0.0%
78	무7.50	4	0	0.0%
76	무7.60	4	0	0.0%
75	무7.70	4	0	0.0%
93	무7.80	1	0	0.0%
64	무7.90	8	1	12.5%
65	무8.00	7	0	0.0%
82	무8.10	2	0	0.0%
84	무8.30	2	0	0.0%
92	무8.40	1	1	100.0%
94	무8.50	1	0	0.0%
85	무8.60	2	0	0.0%
88	무8.70	2	0	0.0%
72	무8.80	5	0	0.0%
83	무8.90	2	0	0.0%
91	무9.00	1	1	100.0%
86	무9.10	2	0	0.0%
87	무9.40	2	0	0.0%
77	무9.50	4	1	25.0%
89	무9.80	1	0	0.0%

● 패배당 기준

순위	배당	전체	적중	비율
273	패1.01	1	1	100.0%
274	패1.03	1	1	100.0%
269	패1.04	1	1	100.0%
271	패1.05	1	1	100.0%
255	패1.06	3	3	100.0%
250	패1.07	3	2	66.7%
259	패1.08	3	2	66.7%
218	패1.09	8	7	87.5%
256	패1.10	3	3	100.0%
237	패1.11	6	6	100.0%
252	패1.12	3	2	66.7%
248	패1.13	4	4	100.0%
251	패1.14	3	3	100.0%
196	패1.15	10	7	70.0%
202	패1.16	10	7	70.0%
205	패1.17	9	8	88.9%
231	패1.18	6	5	83.3%
211	패1.19	9	7	77.8%
182	패1.20	12	9	75.0%
245	패1.21	4	2	50.0%
209	패1.22	9	6	66.7%
192	패1.23	11	8	72.7%

순위	배당	전체	적중	비율
125	패1.24	17	13	76.5%
187	패1.25	12	10	83.3%
210	패1.26	9	5	55.6%
155	패1.27	15	10	66.7%
127	패1.28	17	12	70.6%
178	패1.29	13	8	61.5%
101	패1.30	20	16	80.0%
176	패1.31	13	10	76.9%
160	패1.32	14	10	71.4%
133	패1.33	16	13	81.3%
184	패1.34	12	9	75.0%
139	패1.35	16	10	62.5%
140	패1.36	16	11	68.8%
136	패1.37	16	10	62.5%
86	패1.38	22	17	77.3%
220	패1.39	8	6	75.0%
147	패1.40	15	10	66.7%
197	패1.41	10	8	80.0%
203	패1.42	9	3	33.3%
153	패1.43	15	9	60.0%
102	패1.44	20	10	50.0%
130	패1.45	17	11	64.7%
149	패1.46	15	9	60.0%

순위	배당	전체	적중	비율
163	패1.47	14	6	42.9%
146	패1.48	15	9	60.0%
137	패1.49	16	12	75.0%
45	패1.50	29	20	69.0%
169	패1.51	13	9	69.2%
134	패1.52	16	7	43.8%
121	패1.53	18	15	83.3%
193	패1.54	11	7	63.6%
63	패1.55	26	13	50.0%
199	패1.56	10	6	60.0%
157	패1.57	15	7	46.7%
177	패1.58	13	7	53.8%
112	패1.59	19	13	68.4%
80	패1.60	23	15	65.2%
186	패1.61	12	7	58.3%
118	패1.62	18	11	61.1%
179	패1.63	13	5	38.5%
168	패1.64	14	9	64.3%
104	패1.65	19	8	42.1%
81	패1.66	23	14	60.9%
132	패1.67	16	9	56.3%
82	패1.68	23	9	39.1%
150	패1.69	15	11	73.3%

순위	배당	전체	적중	비율
151	패1.70	15	8	53.3%
141	패1.71	16	5	31.3%
154	패1.72	15	10	66.7%
94	패1.73	20	12	60.0%
83	패1.74	22	12	54.5%
122	패1.75	17	10	58.8%
79	패1.76	23	14	60.9%
129	패1.77	17	10	58.8%
91	패1.78	21	7	33.3%
222	패1.79	8	5	62.5%
70	패1.80	25	13	52.0%
56	패1.81	28	11	39.3%
236	패1.82	6	3	50.0%
106	패1.83	19	12	63.2%
54	패1.84	28	16	57.1%
240	패1.85	5	3	60.0%
145	패1.86	16	7	43.8%
89	패1.87	21	11	52.4%
114	패1.88	19	10	52.6%
43	패1.89	30	14	46.7%
156	패1.90	15	6	40.0%
71	패1.91	25	9	36.0%
214	패1.92	9	6	66.7%

순위	배당	전체	적중	비율
66	패1.93	26	11	42.3%
113	패1.94	19	8	42.1%
46	패1.95	29	13	44.8%
120	패1.96	18	11	61.1%
59	패1.97	27	8	29.6%
109	패1.98	19	11	57.9%
44	패1.99	30	10	33.3%
105	패2.00	19	8	42.1%
175	패2.01	13	5	38.5%
170	패2.02	13	4	30.8%
77	패2.03	23	9	39.1%
207	패2.04	9	5	55.6%
119	패2.05	18	8	44.4%
107	패2.06	19	8	42.1%
148	패2.07	15	8	53.3%
159	패2.08	14	10	71.4%
161	패2.09	14	8	57.1%
98	패2.10	20	7	35.0%
131	패2.11	17	8	47.1%
144	패2.12	16	6	37.5%
138	패2.13	16	7	43.8%
110	패2.14	19	7	36.8%
74	패2.15	24	12	50.0%

순위	배당	전체	적중	비율
173	패2.16	13	9	69.2%
162	패2.17	14	10	71.4%
57	패2.18	28	12	42.9%
201	패2.19	10	4	40.0%
55	패2.20	28	13	46.4%
117	패2.21	18	12	66.7%
123	패2.22	17	6	35.3%
191	패2.23	11	3	27.3%
60	패2.24	27	8	29.6%
128	패2.25	17	6	35.3%
96	패2.26	20	4	20.0%
188	패2.27	11	3	27.3%
164	패2.28	14	1	7.1%
204	패2.29	9	7	77.8%
78	패2.30	23	9	39.1%
142	패2.31	16	3	18.8%
224	패2.32	7	4	57.1%
39	패2.33	32	15	46.9%
194	패2.34	10	3	30.0%
108	패2.35	19	7	36.8%
126	패2.36	17	5	29.4%
115	패2.37	18	8	44.4%
230	패2.38	6	3	50.0%

순위	배당	전체	적중	비율
174	패2.39	13	4	30.8%
21	패2.40	54	24	44.4%
212	패2.41	9	3	33.3%
172	패2.42	13	5	38.5%
268	패2.43	1	1	100.0%
243	패2.44	4	2	50.0%
13	패2.45	68	21	30.9%
216	패2.46	8	2	25.0%
247	패2.47	4	3	75.0%
260	패2.49	3	2	66.7%
4	패2.50	86	30	34.9%
265	패2.53	2	1	50.0%
2	패2.55	87	34	39.1%
6	패2.60	79	23	29.1%
9	패2.65	76	27	35.5%
5	패2.70	80	24	30.0%
3	패2.75	87	23	26.4%
7	패2.80	77	20	26.0%
10	패2.85	75	17	22.7%
11	패2.90	74	36	48.6%
16	패2.95	65	21	32.3%
261	패20.00	2	0	0.0%
262	패21.00	2	0	0.0%

순위	배당	전체	적중	비율
266	패21.50	1	0	0.0%
264	패22.00	2	0	0.0%
267	패22.50	1	0	0.0%
1	패3.00	87	21	24.1%
12	패3.05	73	21	28.8%
14	패3.10	66	21	31.8%
17	패3.15	64	19	29.7%
19	패3.20	57	16	28.1%
18	패3.25	61	16	26.2%
20	패3.30	55	12	21.8%
24	패3.35	47	13	27.7%
15	패3.40	65	13	20.0%
29	패3.45	42	11	26.2%
30	패3.50	41	10	24.4%
48	패3.55	29	5	17.2%
40	패3.60	31	4	12.9%
23	패3.65	48	14	29.2%
27	패3.70	44	6	13.6%
22	패3.75	49	5	10.2%
25	패3.80	47	7	14.9%
85	패3.85	22	6	27.3%
34	패3.90	36	11	30.6%
33	패3.95	38	12	31.6%

순위	배당	전체	적중	비율
28	패4.00	43	8	18.6%
49	패4.05	29	4	13.8%
72	패4.10	25	6	24.0%
88	패4.15	21	5	23.8%
32	패4.20	40	9	22.5%
41	패4.25	31	8	25.8%
95	패4.30	20	3	15.0%
53	패4.35	28	7	25.0%
51	패4.40	29	3	10.3%
65	패4.45	26	5	19.2%
26	패4.50	46	10	21.7%
99	패4.55	20	3	15.0%
50	패4.60	29	9	31.0%
73	패4.65	24	6	25.0%
75	패4.70	24	8	33.3%
38	패4.75	33	7	21.2%
64	패4.80	26	4	15.4%
93	패4.85	21	6	28.6%
103	패4.90	19	2	10.5%
52	패4.95	29	2	6.9%
69	패5.00	25	4	16.0%
31	패5.10	41	5	12.2%
92	패5.20	21	4	19.0%

순위	배당	전체	적중	비율
37	패5.30	33	7	21.2%
67	패5.40	25	2	8.0%
35	패5.50	36	4	11.1%
76	패5.60	24	4	16.7%
42	패5.70	31	3	9.7%
87	패5.80	21	1	4.8%
58	패5.90	27	5	18.5%
47	패6.00	29	3	10.3%
68	패6.10	25	0	0.0%
36	패6.20	33	2	6.1%
62	패6.30	26	3	11.5%
100	패6.40	20	4	20.0%
116	패6.50	18	1	5.6%
124	패6.60	17	1	5.9%
152	패6.70	15	2	13.3%
90	패6.80	21	2	9.5%
84	패6.90	22	2	9.1%
111	패7.00	19	2	10.5%
181	패7.10	12	2	16.7%
200	패7.20	10	1	10.0%
221	패7.30	8	1	12.5%
217	패7.40	8	0	0.0%
238	패7.50	5	1	20.0%

순위	배당	전체	적중	비율
239	패7.60	5	0	0.0%
165	패7.70	14	2	14.3%
198	패7.80	10	2	20.0%
135	패7.90	16	1	6.3%
242	패8.00	5	1	20.0%
180	패8.10	13	1	7.7%
223	패8.20	7	0	0.0%
185	패8.30	12	0	0.0%
189	패8.40	11	0	0.0%
226	패8.50	7	1	14.3%
158	패8.60	15	2	13.3%
228	패8.70	7	0	0.0%
183	패8.80	12	2	16.7%
190	패8.90	11	1	9.1%
257	패9.00	3	0	0.0%
8	패9.10	77	23	29.9%
227	패9.20	7	1	14.3%
213	패9.30	9	1	11.1%
232	패9.40	6	1	16.7%
233	패9.50	6	2	33.3%
253	패9.60	3	0	0.0%
244	패9.70	4	1	25.0%
235	패9.80	6	0	0.0%

순위	배당	전체	적중	비율
215	패9.90	8	1	12.5%
97	패10.00	20	1	5.0%
195	패10.50	10	1	10.0%
61	패11.00	27	4	14.8%
171	패11.50	13	0	0.0%
272	패11.80	1	0	0.0%
219	패12.00	8	0	0.0%
167	패12.50	14	0	0.0%
166	패13.00	14	2	14.3%
206	패13.50	9	1	11.1%
143	패14.00	16	2	12.5%
229	패14.50	7	0	0.0%
208	패15.00	9	0	0.0%
241	패15.50	5	0	0.0%
225	패16.00	7	1	14.3%
249	패16.50	4	0	0.0%
246	패17.00	4	0	0.0%
270	패17.50	1	0	0.0%
254	패18.00	3	0	0.0%
234	패18.50	6	1	16.7%
258	패19.00	3	0	0.0%
263	패19.50	2	0	0.0%

진인사대천명(盡人事待天命)이란 한자성어가 있습니다. '인간으로서 해야 할 일을 다하고 나서 하늘의 뜻을 기다린다'는 뜻입니다. 스포츠토토에 대입해보면 우리는 베팅을 하기 위해 여러 가지 분석 특히 스포츠 통계 분석(리그 분석, 상대팀과 맞대결 분석, 최근 흐름 분석, 배당 분석 등)을 최선을 다해 분석한 뒤 분석 결과에 따라 베팅을 결정하지만 승부의 실제 결과는 다르게 나올 때도 많이 있습니다. 우리는 이를 겸허히 받아들이는 것이 필요합니다.

스포츠에는 이변이 있기 때문에 분석만으로 100% 적중할 수 없습니다. 법륜스님이 어느 강연에서 한 이야기인데 위와 같은 맥락입니다.

"노력하는 것은 내가 할 일이고 결과는 나의 일이 아닌 거예요."

똑같이 노력하였는데도 적중할 때가 있고 적중하지 못하는 것이 토토이면서 이것이 또 우리의 삶이 아닌가 싶습니다. 또한 항상 강팀이 약팀을 이기기만 한다면 스포츠에 흥미가 없을 것입니다. 이것이 결국 스포츠의 재미 아닐까요? 스포츠 자체의 재미를 느끼지 못하고 베팅의 결과에만 집착한다면 스포츠토토는 스트레스로 다가올 것입니다. 그래서 스포츠토토를 즐겁고 건전하게 즐기기 위해 가져야 할 세 가지 마음가짐을 알려드립니다.

첫째. 스포츠 경기에 대한 재미가 우선입니다. (베팅의 집착에서 벗어남)

둘째. 그러나 스포츠토토는 돈을 베팅하는 게임이기에 적정 수준(개인적 상황에 맞는 금액)으로 베팅해야 합니다. 무리한 베팅은 결국 문제가 됩니다. 판단력이 흐려지고 분석보다 고배당에 치우치게 되어 운에 더욱 의존하게 됩니다.

셋째. 낙첨이더라도 바로 잊습니다. 낙첨으로 인해 지속적인 스트레스일 때는 일정 기간 베팅을 하지 않는 것이 좋습니다.

앞의 세 가지를 유지하기 위해서 소액 베팅이 중요한 이유입니다. 중요한 사실은 소액 베팅을 해도 스포츠토토를 통해 승무패 1등이나 로또폴 적중되는 분들이 매주 나온다는 사실입니다.

남의 얘기가 아닌 나의 얘기가 될 수 있을 때까지 독자 여러분에게 행운이 함께하길 바라겠습니다. 오늘도 독자분들의 적중을 기원합니다.

토토기술사와 함께하는 토토 분석 커뮤니티

토토기술사와 함께 스포츠토토 분석을 하실 수 있는 토토기술사
의 커뮤니티인 유튜브입니다.

● 유튜브에서 '**토토기술사**' 검색 또는 네이버에서 '**토토기술사**' 검색

토토기술사 토토 분석기법(축구편)

초판 1쇄 발행   2021년 08월 10일

지은이	최명수
펴낸이	김왕기
편집부	원선화, 김한솔
디자인	푸른영토 디자인실
펴낸곳	**푸른e미디어**

주소	경기도 고양시 일산동구 장항동 865 코오롱레이크폴리스1차 A동 908호
전화	(대표)031-925-2327 팩스	031-925-2328
등록번호	제2005-24호.(2005년 4월 15일)
홈페이지	www.blueterritory.com
전자우편	book@blueterritory.com

ISBN 979-11-88287-21-5   14410
ⓒ최명수, 2021